JN194301

地球誕生・生物進化の物語

星屑から皆さんの体ができるまで

渡辺 採朗

本の泉社

プロローグ

　皆さんは、「あなたの祖先は、アリの仲間と同じですよ」といきなりいわれたらどうします。「ウッソー！冗談でしょう!?」とのけぞりますか。それとも「もう一度、理科を勉強しようかな」とまじめに受け止めますか。

　本書の第1章では、生物（生命）の起源について、「生命は、40億年前に原始の海で1回だけ誕生したと考えられています」「今いる生物・かつていた生物・これから生まれる生物は、最初の生物の子孫です」と書いています。ただ、生命の誕生が海か、あるいは陸地の高温な温泉地か、さらには宇宙からの飛来か、など世界中の科学者が必死で、解明に挑戦していますが、ここでは多数説の「海」としました。

　皆さんは、学校でダーウィンとその代表著書『種の起源』について、一度はお聞きになったでしょう。すくなくても「進化論」という言葉ぐらいは記憶の片隅に残っているでしょう。ダーウィンは『種の起源』の最後の「要約と結論」の項で、「すべての生物はシルル紀（4億年以上前の古代）よりもはるか前に生きていた生物の直系の子孫である」と記しています（光文社・文庫版）。

　「進化論」は、ダーウィンの死後、科学の発展とともに深められ、遺伝子の研究から地球上の生物は、すべてが共通の遺伝子を持つことが確かめられています。

　これで、話は最初の「先祖はアリと同じ」に戻りました。

☕ コーヒータイム

　思いっきり余談ですが、ダーウィンが「進化論」をまとめるきっかけとなったのは、古代からの進化の痕跡が残るガラパゴス島に立ち寄ったことは、よく知られています。そこで、クイズですが、「ガラケー」の語源をご存知ですか。それは、スマホ全盛の時代なのに、「古い時代の痕跡を残す『携帯電話』」を揶揄する言葉で、「ガラパゴス携帯」を短くして「ガラケー」といわれます。

　それでは本題に入りましょう。

希望と不安の中で、未来を夢見る皆さんに贈る

　本書執筆の意図　その１. 私（著者）は、長年高等学校の理科の教師を勤めてきました。そこで感じたことは、多くの生徒の皆さんが、勉学に励むと同時に、将来を模索し、時には悩んでいる姿でした。退職したいま、あらためて皆さんに伝えたいことは、「あなたは、生命誕生から 40 億年かけてようやく完成した貴重な、進化の産物だということを知ってもらい、勇躍してこれからの人生を歩んでもらいたい」ということです。

　そんな思いから、皆さんへのエールのつもりで本書をしたためました。少々、専門用語が出てきますが、記号だと思って読み飛ばしてください。

　気軽に読んでいただくために、時空を超えた進化の物語を作成しました。物語の主人公は、その時代を懸命に生きる皆さんの先祖です。

　その２. いま、私たちが見たり、さわったりして確認できる魚や鳥、ブタなどの脊椎動物（硬骨魚類・鳥類・哺乳類）の器官（感覚器・脳・心臓・骨格）が、元のものから環境などに適うものに進化してきたことを、身近な動物の臓器の細密画（解剖図）を観察して、皆さんに理解してもらうことです。

　その３. 「今、地球上で繁栄している鳥類と哺乳類、何が同じで何が違うのか」「体が小さい最初の哺乳類が、どうして最強の恐竜と共存できたのか」「ヒトとは何者で、どこからきてどこに向かって行くのか」などをメインテーマに、対話、観察を交えて進めていく、学校の授業などとは異なる切り口で皆さんに紹介することです。

　本書の概要　構成 星屑から皆さんの体ができるまでの進化の歴史を１章〜８章からなる物語にしました。１章は、星屑から有機物（生物体を構成する物質）が誕生するまでの物語です。２章は、海で誕生した皆さんの先祖が、単細胞動物に進化する物語です（プロローグでも紹介したように、諸説ありますが、本書では多数説の「海」説で記述しています）。３章は、皆さんの先祖が、海で多細胞化して大きくなる物語です。４章は、淡水域で硬骨魚類に進化した皆さんの先祖が、陸に上がる物語です。５章は、皆さんの先祖とは別系統の鳥類への進化の物語です。６章は、陸に上がった皆さんの先祖が、哺乳類に進化する物語です。７章は、樹上で霊長類（サルの仲間）になった皆さんの先祖が、地上に降りてヒトに進化する物語です。８章は、１〜７章をまとめるとともに、「なぜ、皆さんは貴重なものなのか」を元理科の教師の立場で、述べています。なお、８章以外は、いくつかの節に分けてい

ます。また、3〜7章では、前半の節で皆さんの先祖が進化する道筋をざっくりと物語にし、後半の節に「微小動物の検鏡」「食材（水産物・家畜の臓器）の細密画（解剖図）」「骨格模型の観察」を入れて、感覚器・心臓・呼吸器、及び骨格の進化を実物の細密画で証します。なお、各章の末尾に著者が皆さんに伝えたいことを「高校生と私の対話」、「先祖の姿」という形にして付けました。

　本著は、著者が現役の高校教師時代に、実際に生徒たちと微小動物や骨格標本を観察し、ときには家畜の臓器などを解剖した時の体験をもとにまとめています。「授業が面白くない」と悩んでいるなら、ぜひ目を通していただければと思います。また、魅力のある授業をしたいと思っている先生方も、読んでいただければ嬉しいです。

　ただ「解剖」は、「実験室や解剖器具」が必要な上、社会人の読者の方には、少し生々しすぎますので、筆者が描いた細密画で脊椎動物の進化を説明させていただきます。なお、「解剖」に挑戦してみたい方は、巻末の「解剖の手引き」を参考にしてください。

　「おわりに」の後に、勉学に励み、あるいは未来に悩む皆さんを激励するため、著者の教え子でもある西垣氏に執筆していただいた「君が学ぶ理由を考えてみませんか？」という論文を別添えします。西垣氏には、本書の校正もお願いしました。

　●高校生と私の対話　「被食―捕食の関係が、もたらすもの」「原生動物が多細胞動物に進化しない理由」「体循環と肺循環に分かれる意味」「直立２足歩行のもたらす最大の恩恵」「進化は偶然によるものか」など、皆さんに「伝えたいもの」や「問いかけたいこと」を対話形式にしました。社会人の方は、学生時代を思い出しながら、読み進んでください。

　●先祖の姿　皆さんにつながる先祖が、いろんな時代、多様な場所で、懸命に生き抜く姿を想像して描いてみました。

　◆取り留めもないことを瞑想しよう　日常がつらくて重く感じた時、「宇宙はどのようにして始まり、どのようにして終わるのか」「ヒトはどこから来て、どこに行くのか」「ヒトとは、自分は、何者なのか」「なぜ、命は大切なのか」など取り留めないことを、星空を見ながら瞑想（思索）してはいかがでしょうか。ふっと力が抜けて、楽になります。その後、本著を開いていただければありがたいです。皆さんの求める答えがあるかもしれません。本著を執筆して、改めて皆さんや私の先祖が、いろいろな試練に遭遇しても耐え抜いて、私たちがここにいることを実感しています。だから、皆さんも、「忍耐強く」「賢く」「落ち着いて」今を生きてほしいと願います。

目　次

プロローグ　3

第1章　有機物の誕生（図版1）
　　1節　生物を構成する有機物の元になる炭素、酸素、窒素の誕生　10
　　2節　生物体を構成する有機物の誕生　10

第2章　原核生物から単細胞動物への進化（図版2〜3）
　　1節　生命の誕生　14
　　2節　最初の生物から動物への進化　17

第3章　多細胞動物への進化（図版4〜6）
　　1節　海中に出現した多細胞動物　22
　　2節　ミジンコの観察　24
　　3節　原生動物（ゾウリムシなど）の観察　27

第4章　陸上脊椎動物への進化（図版7〜11）
　　1節　硬骨魚類の出現と陸上への進出　32
　　2節　アジの体の仕組み──脊椎動物の基本的体制　35

第5章　鳥類への進化（図版12〜19）
　　1節　鳥類誕生への道筋　44
　　2節　鳥類における胚膜の形成　46
　　3節　ニワトリの臓器の仕組み　47

第6章　哺乳類への進化 （図版 20 ～ 26）

1節　哺乳類誕生への道筋　58

2節　真獣類の胎盤形成　60

3節　マウスの細密画　60

4節　ブタの頭部器官の細密画　62

5節　ブタの頭骨の細密画　66

第7章　ヒトへの進化 （図版 27 ～ 36）

1節　樹上生活に適応する皆さんの先祖　70

2節　現生人類への道筋　72

3節　骨格模型の観察　75

第8章 「なぜ、皆さんは貴重なものなのか」　81

おわりに　84

◆

寄稿論文　「君が学ぶ理由を考えてみませんか？」西垣　亮　85

◆

「高校生と私の対話」一覧

対話　1．物質は、循環する

対話　2．全ての生物の祖先は、最初の生物

対話　3．被食─捕食の関係がもたらすもの　地球環境と人間の責任

対話　4．最も大切な多細胞動物の器官

対話　5．原生動物が多細胞動物に進化しない理由

対話　6．アジとヒトは、進化の同伴者

対話　7．陸上での胚発生に欠かせない胚膜

対話　8．体循環と肺循環に分かれる意味

対話　9．なぜ、鳥類は飛べるのか？

対話10．最強の恐竜と比べても劣らない小さな哺乳類

対話11．霊長類固有の３色型色覚と黄斑

対話12．直立２足歩行がもたらした最大の恩恵

対話13．進化は偶然によるものか

対話14．弱い動物と強い動物

◆

「先祖の姿」一覧

先祖の姿１　原核生物であった皆さんの先祖

先祖の姿２　肉鰭類に進化した皆さんの先祖

先祖の姿３　哺乳類になった皆さんの先祖

先祖の姿４　ヒトになった皆さんの先祖

◆

《解剖の手引き》　91

第 1 章

有機物の誕生

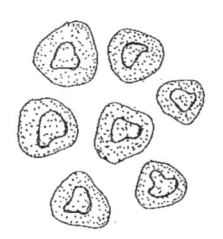

生物を構成する有機物の元になる
炭素、酸素、窒素の誕生

　137億年前に誕生した宇宙には、水素やヘリウムなどからなる希薄なガスしかありませんでした。やがて、ガスの濃くなったところに最初の星が生まれました。星の中では、核融合反応が起きて星が光り始めるとともに水素やヘリウムから炭素、酸素、窒素などの重い元素ができました。最初の星は短命で、爆発を起こして、これらの重い元素を含んだ星屑になりました。「星屑」に「宇宙に漂う水素やヘリウム」が混ざり合い次の星ができました。また、次の星でも最初の星と同じように核融合反応が起きて重い元素ができ、最後は爆発して星屑になります。これを繰り返して、宇宙には重い元素が増えてきました。そして、46億年前に重い元素からなる原始地球ができました。

生物体を構成する有機物の誕生

　（1）簡単な有機物の誕生　原始地球の大気の中で、二酸化炭素、窒素、水蒸気などから、放電や紫外線によってアミノ酸、糖、有機塩基、脂肪酸などの簡単な有機物が合成されました（図版1）。

　（2）複雑な有機物の誕生　マグマの塊であった灼熱の地球は、少しずつ冷えていきました。その過程で、水蒸気は雲になり、やがて大雨となり、41億年前に原始の海が生まれ、その中に簡単な有機物は溶けていきました。そして、海底の熱水の吹き出す熱水噴出口（図版1の①）の周辺で、簡単な有機物から生物体を構成するタンパク質、炭水化物、ＤＮＡ、ＲＮＡ、脂質などの複雑な有機物（図版1の②）が合成されました。

　有機物を構成する主な元素は、炭素（元素記号Ｃ）です。ＤＮＡの仕組みについては、「補足」のページで、図版2を使って説明していますのでそちらをご覧ください。

図版 1　海の中に誕生した生命（究極の先祖）

①熱水噴出口　②タンパク質や DNA の分子　③コアセルベート
④最初の生物（単細胞の原核生物）

（3）有機物の構造と働き　タンパク質、リン脂質、炭水化物、核酸の構造と働きは、次の通りです。タンパク質は筋肉や骨などの主成分で、20 種類のアミノ酸が結合してできる長い鎖（ペプチド鎖）が元になっています。リン脂質は、細胞膜（細胞と外界を仕切る膜）の主成分です。

　炭水化物の構成単位であるブドウ糖は、脳の栄養として重要です。ＤＮＡは遺伝情報で、ＲＮＡはその遺伝情報〔塩基配列〕に基づいてタンパク質を合成します。

　　＊アミノ酸は、数百種類の存在が確認されていますが、地球上の生物が利用しているのは、その内のわずか 20 種類だけです。

　　「ペプチド」を冠した健康商品を販売している会社もありますが、同社のホームページによると「アミノ酸が二つ以上結合したものをペプチドと呼ぶ」とあります。（https://www.morinagamilk.co.jp/health/material/peptide/）

第 2 章

原核生物から
単細胞動物への進化

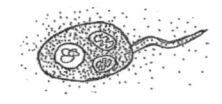

生命の誕生

　生命は、40億年前に原始の海で1回だけ誕生したと考えられています。皆さんの先祖でもある最初の生物は、1個の細胞からなる微小な核膜を持たない原核生物（図版1の④）でした。今いる生物・かつていた生物・これから生まれる生物は、最初の生物の子孫です。すなわち、全ての生物は、最初の生物に宿った命を引き継いでいるのです。

　研究者のなかには、原核生物の誕生前に、コアセルベート（細胞のゲル状の集合体─図版1の③）があった、と考えている人もいます。

　生命誕生の直後には、小惑星と原始地球の天体衝突がありました。生じたエネルギーで、原始地球の海は沸騰して干上がり、海底の岩石は溶けてマグマの塊になりました。皆さんの先祖は、衝突の際に生じた地殻の亀裂を通って地下深く逃げて生き延びました。

　生命の誕生をめぐっては、さまざまな意見が交わされてきました。

　古くは神話の世界で、天地の境がはっきりせず、混沌としているときに神の力で島（地上）が生まれたとあります（「古事記」「日本書紀」など）。諸外国の神話も、ほぼ同様です。

　歴史が進むと、「生命は自然に生まれる」などの説を経て、ダーウィンの「種の起源」が生命の誕生と進化に新たな道筋をつけました。

　20世紀に入ると、科学技術が長足な進歩をとげ、動植物の細胞とそれを構成する分子の分野まで解明できるようになりました。

　テレビのサスペンス・ドラマでは、必ずといっていいほどDNAが登場します。これは、DNAを利用して遺伝子の情報をたどっていくことで親子関係などが解明できる分子です。

　このDNAをどこまでも辿ることで、すべての生物が同じ先祖であったことがわかってきました。科学者たちは、いきつくさき（最初の生物）を「コモノート」と呼んでいます。

補足　ＤＮＡの仕組み

　ＤＮＡを一言で言い表すならば、「生物の遺伝情報を担う物質」といっていいでしょう。その仕組みの大要は以下のとおりです。

　１．構成単位　糖（デオキシリボース）、塩基、及びリン酸が結合した化合物であるヌクレオチドが構成単位です。塩基には、アデニン（Ａ）、チミン（Ｔ）、シトシン（Ｃ）、グアニン（Ｇ）の４種類があります（図版２の①）。

　２．構造　まず、並んだヌクレオチドの糖とリン酸が交互につながり長い鎖（ヌクレオチド鎖）ができます（図版２の②）。次に、２本の鎖が向かい合い、突き出た塩基のＡとＴ、ＣとＧが対合して梯子になります（図版２の③④）。最後に、梯子がねじれて「らせん階段」のような２重らせん構造になります（図版２の⑤）。

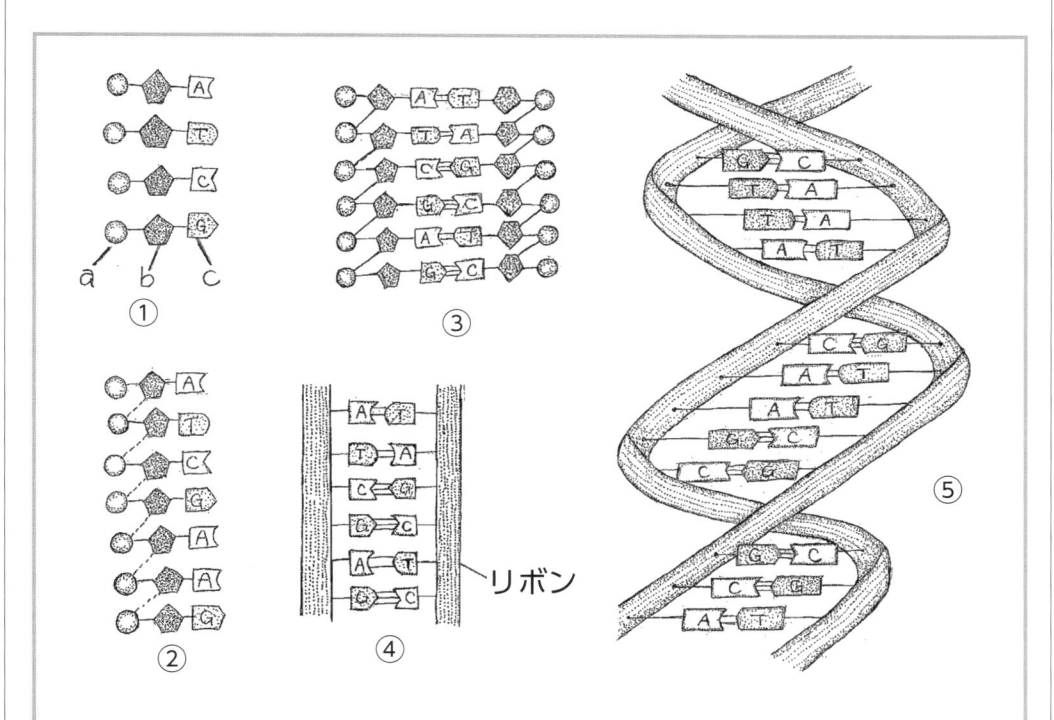

図版２　ＤＮＡの構造

①４種類のヌクレオチド　②ヌクレオチド鎖　③２本のヌクレオチド鎖からなる構造　④糖とリン酸の部分をリボンで表す　⑤らせん状に巻く２本のリボン（２重らせん構造）　a.リン酸　b.糖（デオキシリボース）　c.塩基（塩基の正式名称は、Ａはアデニン、Ｔはチミン、Ｃはシトシン、Ｇはグアニンです）

3．働き　２本の内の１本のＤＮＡの塩基配列（ＡＡＴＴＣＧ……等）が遺伝情報です。そのため、皆さんをつくる設計図は、ＡＴＣＧの４文字の組み合わせで描かれているといえます。遺伝情報の中で、タンパク質の合成に関わる部分の塩基配列が遺伝子です。以上のことは、地球上の全ての生物に共通します。遺伝子の部分の塩基配列や塩基の数が変わるのが進化の主要因と科学者は考えています。

4．ヒトのＤＮＡ　皆さんの１つの体細胞には、46本のＤＮＡがあります。その長さを合わせると２ｍにもなります。しかも、どの体細胞にも同じ塩基配列のＤＮＡが入っています。ですから、理論的には皆さんの体のどの細胞からでも、今いる皆さんと同じ皆さんをつくることができます。

☕ コーヒータイム

なぜ、ＤＮＡは２本の鎖からできているのでしょうか？　もしも、１本だったらどんな不都合が生まれると思いますか？

対話 ● 1　物質は、循環する

高校生「炭素Ｃは有機物の骨格をつくり、有機物は生物の体をつくります。もし、僕が死んだら、僕のＣはどうなるのですか」

私「皆さんが死んで焼かれると、体内にあるＣは二酸化炭素CO_2になり、大気中にばらまかれます。ばらまかれたCO_2は、光合成により植物の体（有機物）に組み込まれます。その後、植物の体に移った皆さんのＣは、食物連鎖を通していろいろな動物の体に組み込まれていきます。さらに、植物や動物の体に組み込められたＣは、呼吸や生物の死によってCO_2になり、再び大気に戻されます」

高校生「子どものころ砂場で行った砂遊びを思い浮かびました。いろいろなものが砂から作られては壊されるが、砂は変わらない」

私「炭素Ｃだけでなく酸素Ｏも窒素Ｎも、地球上の全ての物質は、［大気・岩石・土壌・海水からなる地球］と［そこに棲む動植物］の間を循環しています。このことから、生物は孤立した存在ではなく、物質を通して、他の生物や地球とつながっていることが分かります」

2節
最初の生物から動物への進化

（1）皆さんの先祖（図版3のA）**は、単細胞動物**　最初の生物から「光合成をするシアノバクテリア」が枝分かれしました。次に、最初の生物から［酸素呼吸をする好気性細菌］と［スピロヘータ］が枝分かれしました。その後、最初の生物

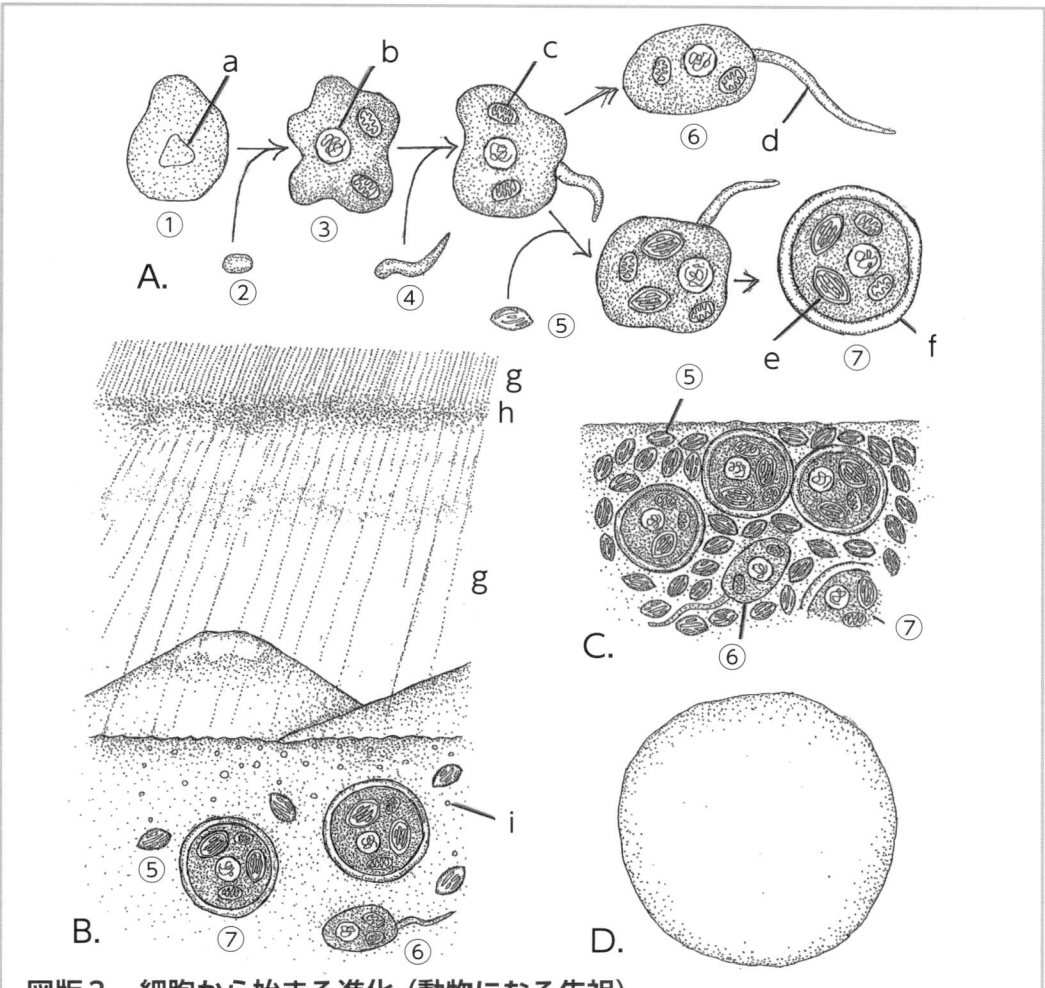

図版3　細胞から始まる進化（動物になる先祖）
A. 細胞共生説 B. オゾン層の形成 C. 生産者と消費者のバランスの崩壊
D. 全球凍結で氷と雪に包まれた地球
①最初の生物（原核細胞）②好気性細菌 ③真核生物（真核細胞）④スピロヘーター
⑤シアノバクテリア ⑥動物 ⑦藻類　a.DNA b. 核膜 c. ミトコンドリア
d. 繊毛 e, 葉緑体 f. 細胞壁 g. 紫外線 h. オゾン層 i. 酸素

は、核膜を持たない原核生物（図版3の①）から核膜を持つ真核生物（図版3の③）へと17億年かけて進化しました。核膜ができると、露出していたＤＮＡをその中に収めました。その後、あなたの先祖である真核生物に、初めに好気性細菌（図版3の②）が、次にスピロヘータ（図版3の④）が侵入して共生するようになりました。長く共生している間に、好気性細菌はミトコンドリア（図版3のｃ）に、スピロヘータは繊毛（図版3のｄ）になりました。以上が、皆さんの先祖が、単細胞の動物（図版3の⑥）に進化する物語です。さらに、シアノバクテリアが侵入して共生した真核生物は、シアノバクテリアが葉緑体（図版のｅ）になり単細胞の藻類（図版3の⑦）に進化しました。

> ＊「光合成」とは、藻類が光を受けて、炭酸ガス（ＣＯ₂）と水から酸素を取り出し放出すること。
> 「好気性生物（細菌）」は、「酸素のある所で正常に生育する細菌」（『広辞苑』）で、地上の生物はこれに属します。
> 「嫌気性生物（細菌）」は、「酸素の存在しない所に生育する細菌」（同前）で、ヒトの腸内に生息するビフィズス菌などが代表例です。

（2）酸素の出現とオゾン層の形成（図版3のＢ）　最初の生物が誕生した時には、地球には気体の酸素はありませんでした。しかし、新たに出現したシアノバクテリア（図版3の⑤）や藻類（図版3の⑦）の行う光合成によって、海水中に酸素が出現します。酸素は有害で、最初の生物の命を脅かしました。皆さんの先祖は、酸素への耐性があることで生き残りました。シアノバクテリアと藻類によって酸素は増え続け、海水中に溶けきれなくなった酸素は大気中に放出されました。やがて、大気上空でオゾン層（図版3のｈ）が形成されました。

> ＊シアノバクテリアは、太陽の光を受けて光合成を行い、酸素を放出する原核生物です。

（3）全球凍結（図Ｃ図Ｄ）　原始地球の生態系は、生産者である「シアノバクテリア（図版3の⑤）と藻類（図版3の⑦）」、消費者である「好気性細菌と動物（図版3の⑥）」で構成されていました。まだ、消費者と生産者の間に捕食―被食の関係が成立していなく、消費者は海底の有機物に依存していました。捕食者がいないため、先カン

ブリア紀の末期にシアノバクテリアと藻類が爆発的に増えて、光合成に使う二酸化炭素が激減しました。地球は急速に寒冷化し、赤道付近まで氷床や海氷に覆われました。これが、全球凍結です（図版3のD）。

　なお、全球凍結の原因については、他にもさまざまな要因が考えられていますが、二酸化炭素などの温室効果ガスの急速な減少によることは間違いなさそうです。

　そんな過酷な条件の中でも、皆さんの先祖は熱水の吹き出すところに避難して生き延びたと考えられています。

対話 ● 2　全ての生物の先祖は、最初の生物

高校生「なぜ、アリの先祖とヒトである私の先祖が、同じものといえるのですか」

私「地球上で、生命の誕生は1回だけです。これ以後は、生命は誕生していません。最初の生物に宿った命の仕組みを地球上のすべての生物は受け継いでいるのです」

高校生「なぜこの時だけ、生命が誕生したのですか」

私「その時の地球環境がヒトなどの高等な生物が生きるには過酷ですが、生命誕生の条件を揃えていたからです。その後、地球環境は穏やかになり、新たな生命の誕生が不可能になったと科学者は考えています」

高校生「もし、地球環境が生物誕生時から変化しなかったら、どんな不都合がありますか」

私「生物は複雑なものに進化できないで、最初の簡単な生物のままです」

先祖の姿1　原核生物であった皆さんの先祖

　原始の海を瞑想してください。肉眼では何も見えませんが、海には単細胞の原核生物、すなわち皆さんの先祖がひしめいています。皆さんの先祖は17億年かけて、核膜を生み出してその中にDNAを収納しました。この細胞レベルの進化は画期的で、紫外線によって切断されていたDNAの鎖が、核膜に保護されることで長大な鎖に成長する可能性が生まれました。塩基対や遺伝子が増えることは、複雑な動物が生まれるために必須です。ちなみに、皆さんの1つの細胞の大きさは10〜20μmと微小ですが、その中にあるDNAの鎖の長さは2mもあり、その鎖は60億の塩基対と4万個の遺伝子からなります。細胞レベルの進化が、体や器官の進化に先立って行われていたことには驚きです。なお、皆さんの先祖が進化によって生み出した核膜は、皆さんに引き継がれています。

第 3 章

多細胞動物への進化
（大きくなる皆さんの先祖）

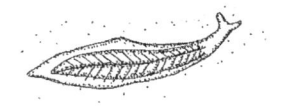

概要 6億年前に全球凍結が火山活動で終わったとき、藻類とシアノバクテリアが爆発的に増えました。両者の行う光合成により酸素濃度が急激に増加したことで、タンパク質の繊維であるコラーゲンが生まれました。微小な単細胞動物であった皆さんの先祖は集まって、コラーゲンによって結合して大きな多細胞動物へと進化しました。この章では、海中に出現した多細胞動物たちに触れます。次に、ミジンコで多細胞動物の体の仕組みを観察します。最後に、多細胞化しなかった原生動物で、動物の性質と細胞器官を観察します。

海中に出現した多細胞動物

古生代カンブリア紀の地層から発見された、対照的な2つの多細胞動物群を年代の古いものから順に紹介します（図版4）。

（1）エディアカラ動物群（図版4のA） 全球凍結の後に最初に出現した最古の多細胞動物群です。硬い殻をもたない、運動能力の低いユニークな形状の動物から構成されます。代表種のカルニア（図版4の①）やディッキンソニア（図版4の②）は、著しく扁平な動物で消化管が見られません。摂食するための器官を持たない動物しかいない、楽園のような世界であったと考えられます。体長が1mを超えるものもいましたが、滅亡したため現生動物とのつながりはありません。

（2）バージェス動物群（図版4のB） 多種多様な動物が爆発的に出現しました。現生する動物門は、この時期に出そろいました。硬い組織を持ち、攻撃と防御の器官が発達していることから、被食ー捕食の関係が成立していたと考えられます。節足動物門のアノマロカリス（図版4の③）は、顎を持った活発な捕食者でした。この当時の皆さんの先祖（皆さんにつながる動物）は、脊索を備えたナメクジウオに似たピカイア（図版4の④）と考えられています。ピカイアは、顎のない運動能力の低い動物でした。

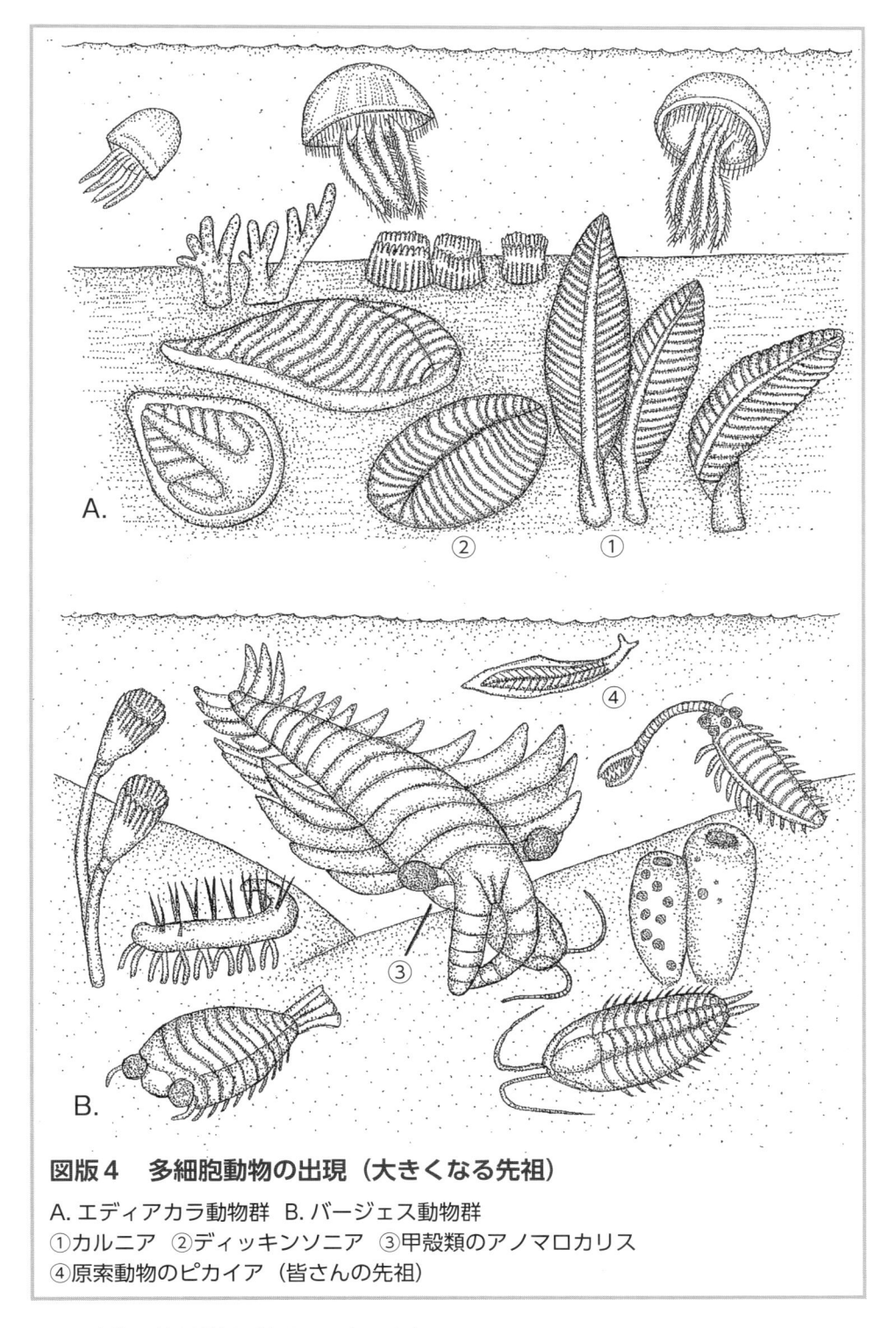

図版４ 多細胞動物の出現（大きくなる先祖）

A. エディアカラ動物群　B. バージェス動物群
①カルニア　②ディッキンソニア　③甲殻類のアノマロカリス
④原索動物のピカイア（皆さんの先祖）

＊生物の分類階級（大きいほうから）

界—門—綱—目—科—属—種—亜種—変種—品種—亜品種

対話 ● 3　被食ー捕食の関係がもたらすもの　地球環境と人間の責任

私「被食ー捕食の関係は何をもたらしますか」

高校生「被食者は食われないように硬い殻を、捕食者は被食者の殻が硬くても食べられるように顎や歯を進化させます。すなわち、被食者は食われまいとして、捕食者は食べようとして、進化を加速します」

私「被食ー捕食の関係は進化を加速させるとともに、捕食者と被食者の個体数の変動を抑えて自然環境を安定させます。自然がつくりだすバランスです。ここで、少し前に全球凍結の話をしましたが、なぜ、起きたのか思い出してください」

高校生「二酸化炭素を吸収して酸素を放出するシアノバクテリアなどが、増えすぎたのも一因とのお話でしたね。二酸化炭素が急激に減って、全球凍結までいってしまった。そう考えると全球凍結とは反対に、地球温暖化を作り出している私たち人間の責任は重大ですね」

＊理学博士の松井孝典さんは「6550万年前の天体衝突時とよく似た環境破壊が、いま地球で起こっています。われわれの経済活動が引き起こす、いわゆる地球環境問題です」と、人類への警告をのべています（『生命はどこから来たのか？』―文春新書）。

2節

ミジンコの観察

　さて、いよいよ生物の体の仕組みから進化の実際を見ることにしましょう。まずは、手に入りやすいミジンコを観察してみましょう。ミジンコは、ホームセンターの金魚などを扱うコーナーでも小魚の餌として売っています。

　ミジンコは、体は小さいですが節足動物・甲殻類でエビやカニの仲間で、複雑な体の仕組みを、生きたままで透かして観察することができます（図版5）。

観察の手順

　ミジンコをスポイトで吸い取って、ホールスライドガラスに滴下して、カバーガ

ラスをかけて検鏡しました。ホールスライドガラスを使うのは、同ガラスには中央に凹みがあるため、カバーガラスの重みでミジンコが潰れないようにするためです。

🔍 **観察のポイント**（図版5）　脊椎動物とも共通する器官系が揃っています。器官の形態や働きはもちろんのこと、複数の器官による連携プレーも観察できます。

　　a．消化器：口から肛門まで1本の消化管でつながります。口の左右には、大顎（図中⑤）があり、食べたものを咀嚼します。咀嚼物は消化管の中で消化され、不消化物は蠕動（波のような消化管の運動）によって肛門（図中⑨）まで送られ、便として排泄します。消化管は直線に近く、食道（図中⑥）、中腸（図

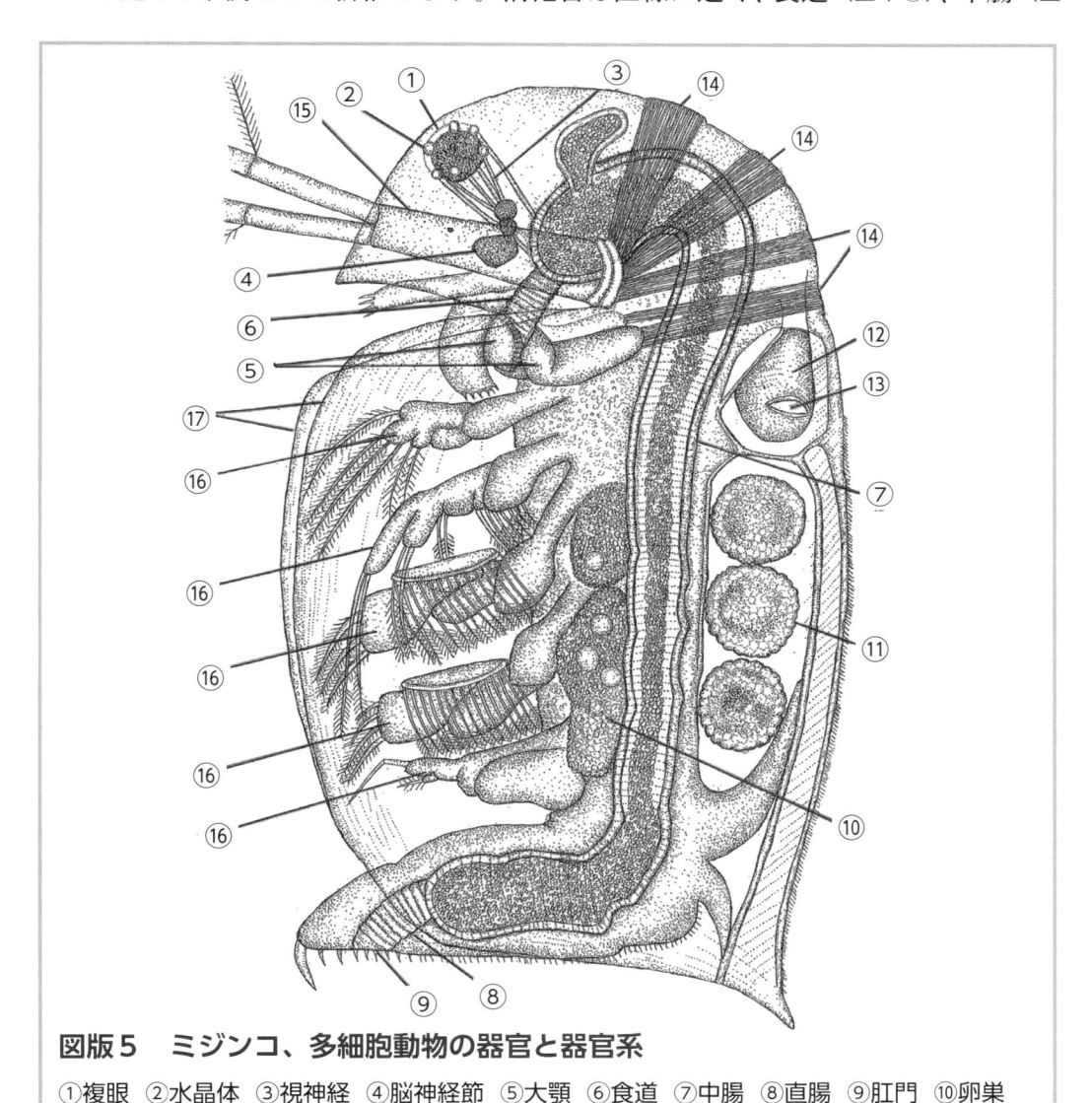

図版5　ミジンコ、多細胞動物の器官と器官系

①複眼　②水晶体　③視神経　④脳神経節　⑤大顎　⑥食道　⑦中腸　⑧直腸　⑨肛門　⑩卵巣
⑪発生中の夏卵　⑫心臓　⑬心門　⑭筋肉　⑮第2触角　⑯胸肢　⑰甲殻

中⑦）、及び直腸（図中⑧）に大別されます。肝臓やすい臓などの消化酵素を分泌する消化腺は付いていません。

　　b．循環器：背側にある空所（囲心腔）の中で、一つの心室からなる心臓（図中⑫）が拍動しています。心門（図中⑬）から血液を飲み込み、別口から吐き出しています。血管がないので、吐き出された血液は、体内の組織の隙間を流れて囲心腔に戻ってきます。

　　c．中枢神経：頭部には、脳にあたる大きな脳神経節（図中④）があります。神経節とは、神経細胞が集まってできた塊です。

　　d．感覚器：水晶体を多数持った大きな複眼（図中①）が1個[注1]あります。複眼の後方からは、脳神経節につながる視神経（図中③）が出ています。

　　e．運動器：第2触角（図中⑮）は遊泳、大顎は咀嚼、胸肢（図中⑯）は摂食に使われます。これらの付属肢[注2]は、甲殻から伸びた筋肉によって動かされます。

　　f．生殖器（命を繋ぐ）：ミジンコは環境が良いと全て雌です。卵巣から排卵された夏卵（図中⑪）は、体内で単為発生[注3]して雌の子虫になってから産まれます。環境が悪化すると、精巣を持った雄が現れて、雌と交接します。

注1　ミジンコを側面から観察すると、複眼は左右に一つずつがあると思ってしまいます。しかし、正面や背面から観察すると、一つであることが明らかになります。

注2　ふぞくし：体節構造を持つ動物で各体節に付属する1対の肢。

注3　たんいはっせい：受精をしないで卵が発生すること。

トピックス　組織・器官・器官系

　ヒトの平均細胞の大きさはおよそ10μm〜20μm（0、01mm〜0.02mm）ですが、ミジンコの大きさは2000μm（2mm）にもなります。単細胞動物から多細胞動物になる過程で、体が大きくなるのはもちろんのこと、細胞は特定の形態や働きを持つようになります。これを細胞の分化といいます。同じ機能と形態の細胞が集まり組織をつくり、組織が集まって器官をつくり、器官が集まって体ができます。なお、器官を働きごとにグループに分けたものを器官系といいます。進化が進むと、体と器官は複雑になります。

対話 ● 4　最も大切な多細胞動物の器官

私「多細胞動物の体の中で、一番大切な器官は何だと思いますか」

高校生「心臓か脳です」

私「ナマコは、体長が 30cm 以上も在る大きな動物ですが、心臓も脳もありません。全ての現生の多細胞動物にある器官は、何ですか」

高校生「口から肛門まで続く消化管です」

私「その通りです。多細胞動物は消化管を備え、その中で食物を消化します。これが細胞外消化で、多細胞動物固有の消化方法です。もし、消化管ではなく、体内で食物を消化するとどんな不都合なことが起きると思いますか」

高校生「食物も動物の体も、等しくタンパク質からできているので、食物を消化すると動物の体も一緒に溶けてしまいます」

私「消化管の入口は口、出口は肛門です。もし、肛門がないとどんな不都合があると思いますか」

高校生「不消化物が消化管に溜まって、もう食べることができなくなります」

私「その通りです。多細胞動物は、最初に消化管をつくり、その後、進化して消化腺、生殖器（精巣・卵巣）、呼吸器（鰓・肺・気管）、循環器（心臓・血液・血管）、感覚器（眼・耳・鼻）、中枢神経（脳・脊髄）を必要に応じて身に着けていったと考えられます」

3節

原生動物（ゾウリムシなど）の観察

＊原生動物とは単細胞生物のうち生態が動物的なもの。

観察の手順

　ａ．休日にちょっと足をのばして郊外に出かけ、下水や田んぼを探して、そこの水をスポイトで採集し、瓶に入れて持ち帰りました。

　ｂ．瓶からバット（洗面器でも代用可）に移し替えました。その後、水で

薄めたコメのとぎ汁を加えて4〜5日置きました。薄める目安は、とぎ汁が半透明になるぐらいにしました。米のとぎ汁を栄養にして細菌が爆発的に増え、それに伴って細菌を食べる原生動物も急増しました。

　ｃ．急増した原生動物は、水面に密集して薄い膜をつくりました。この膜をスポイトで吸い取って、スライドガラスに垂らしてカバーガラスをかけて検鏡しました。

🔍 **観察のポイント**（図版6）　原生動物で観察した「動物の性質」と「性質を支える細胞器官」は、次の通りです。

　1）運動　ゾウリムシは繊毛（図版6の①）で、ミドリムシとイロナシミドリムシは鞭毛（同②）で泳ぎ、アメーバは仮足（同③）を出して滑るように移動します。

　2）消化　ゾウリムシとアメーバでは、消化のための食胞（同⑤）をつくり、採り入れた餌（細菌）はその中で消化します。

　3）排出　体内にたまった余分の水分は、泡状の収縮胞（同⑥）を拍動させて排出します。

　4）生殖　2つに分裂して増えていきます。なお、分裂に先立って核（同⑦）も2つになります。母細胞（分裂前の細胞）の核と娘細胞（分裂後の細胞）の核は、同じ塩基配列のＤＮＡを持ちます。

トピックス　細胞の大きさと細胞器官

　原生動物は、多細胞化を選ばなかった動物です。器官のように働く細胞器官を備えて動物の性質を身に着けます。細胞は大きくてゾウリムシでは200μm（0、2mm）もあります。原生動物の中には、1000μm（1mm）を超える細胞もあります。

対話 ●5　原生動物が多細胞動物に進化しない理由

高校生「なぜ、ゾウリムシは多細胞動物に進化しなかったのですか？」

私「単細胞動物でいた方が、生存に有利な点があるからだね。どんな点が有利か考えてみましょう」

高校生「1匹でも、わずかな食べ物でも、小さなスペースでも、わずかな時間でも、分裂して増えて空間を満たせることです」

私「その通りです。大きければ、必ずしも、生存に有利というわけではありません」

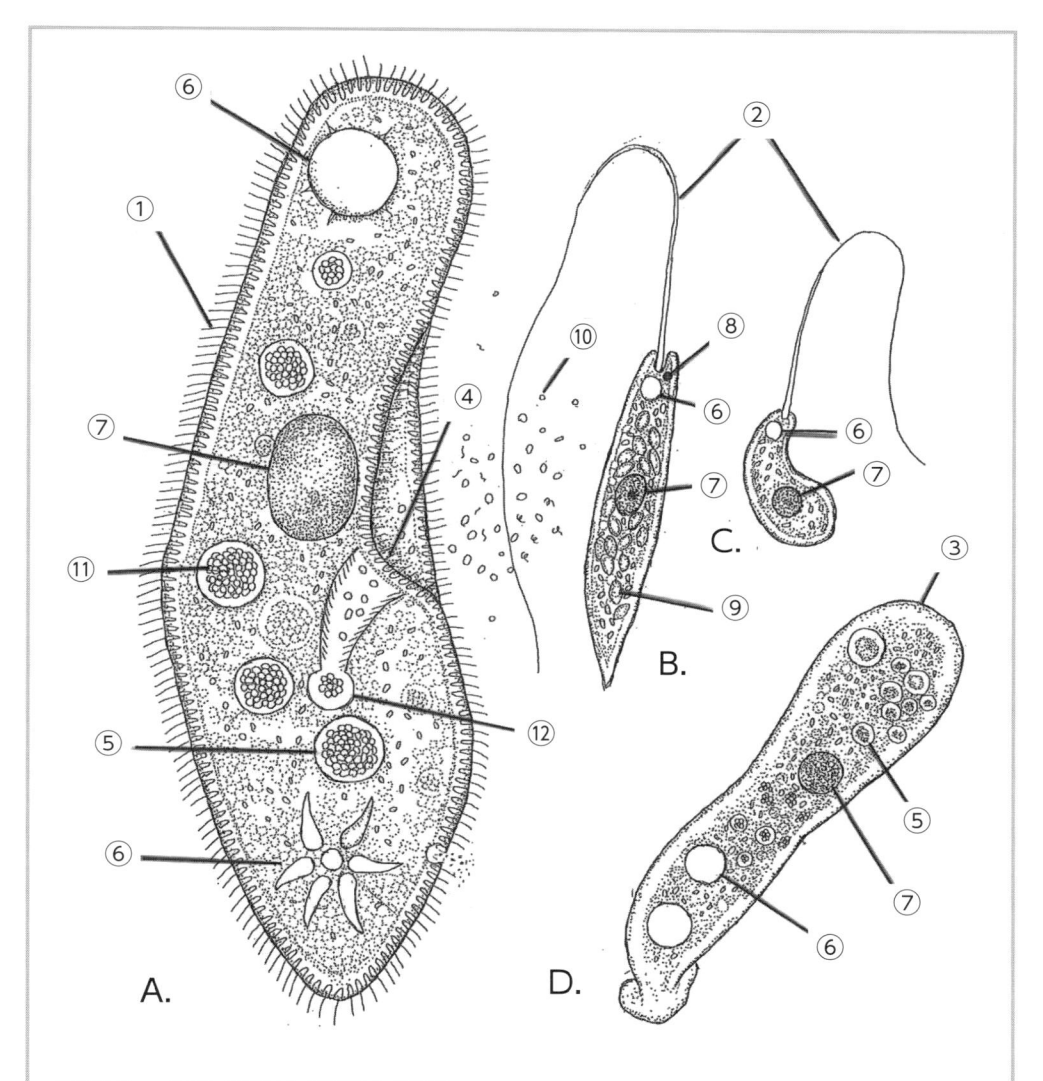

図版6　原生動物と細胞小器官

A. 繊毛類のゾウリムシ　B. 鞭毛類のミドリムシ　C. 鞭毛類のイロナシミドリムシ
D. 根足類のナメクジ形アメーバ
①繊毛　②鞭毛　③仮足　④細胞口　⑤食胞　⑥収縮胞　⑦核　⑧眼点　⑨葉緑体
⑩細菌　⑪捕食された細菌　⑫形成される食胞

第 4 章

陸上脊椎動物への進化
（淡水域で準備して、陸に進出する皆さんの先祖）

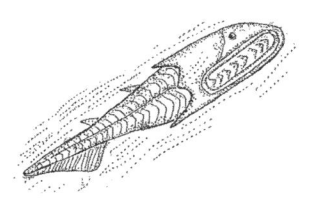

概要 皆さんは、硬骨魚類は両生類に、両生類は爬虫類に、爬虫類は鳥類に、哺乳類のサルはヒトになると進化を直線的にイメージして、「動物園のサルはいつになったら、ヒトになるのだろう」とか、「海のお魚は、あと何年経ったら、陸に上がるのだろう」と考えているかもしれません。しかし、硬骨魚類から両生類になるという意味は、今の硬骨魚類（コイなど）と今の両生類（カエルなど）が共通の祖先（古代魚）から枝分かれしたということで、今の硬骨魚類が今の両生類に進化することではないのです。

　本章では、最初の脊椎動物（硬骨魚類）の出現と肉鰭類の陸上への進出を物語ります。さらに、アジの細密画で、「脊椎動物の原型に近い硬骨魚類の体制」と「海に戻った硬骨魚類の海中生活への適応」を観察します。

硬骨魚類の出現と陸上への進出

（1）肉鰭類と条鰭類に分かれる硬骨魚類（図版7）　皆さんの先祖は、脊索と神経管を持った脊索動物（図版7の④）を経由して、脊椎や「水晶体のある眼球」を備えた脊椎動物（最初の魚）に進化しました。最初の魚は、オオムガイ[注1]などの捕食者から逃れるため、海から淡水域に移り住みました（図版7の①）。淡水域は、流れの激しい、カルシウム（ミネラル）や酸素の不足する水域です。皆さんの先祖は進化して、「流線形の体」「カルシウムを蓄える硬い脊椎」「水を掻く対鰭（胸鰭と腹鰭）」「食物を咀嚼する鰓由来の顎」を生み出して硬骨魚類になりました。さらに、淡水で生活しているうちに、鰓とは別に咽頭[注2]の奥に補助的呼吸器として肺を進化させました。その後、硬骨魚類は、胸鰭と腹鰭が膜状の条鰭類（図版7③）、胸鰭と腹鰭が「肢（足）のように肉質」の肉鰭類（図版7④）に枝分かれしました。肉鰭類の対鰭は、内部に骨があり水底の枯枝のかき分けに使っていたと考えられています（図版7⑤）。肉鰭類の中のユーステノプテロンが、当時の皆さんの先祖の姿です。

注１　巨大な肉食性の頭足類で最初の魚の天敵（図版８図Ｂ参照）。

注２　口腔と食道の中間に位置し、消化管や気道の一部。

（２）陸に上がる肉鰭類（図版７）　海中のシアノバクテリアや藻類の繁殖によっ
て、酸素が大気中に放出されて現代と同じぐらいの厚さのオゾン層が４億年前に形

図版７　淡水で進化して陸上に進出する脊椎動物

①最初の魚　②顎のない魚　③条鰭類　④肉鰭類（ユーステノプテロン）　⑤肉鰭の中の骨
⑥陸に上がる先祖　⑦最初の両生類（イクチオステガ）　⑧先祖の天敵（ハイネリア）

成されました。このオゾン層が、地表に降り注ぐ紫外線を減らし、生物の陸上進出を可能にしました。ユーステノプテロン（図版7の⑥）は、捕食者であるハイネリア（図版7の⑧）から逃れるため陸に上がって生活するうちに、肉質の胸鰭は上肢に肉質の腹鰭は下肢になり、陸上を這うことができるようになりました。さらに、鰓が消失して心臓が後方に移動することで、縊れた回る首<ruby>首<rt>くび</rt></ruby>が生まれました。最初の両生類（イクチオステガ）の誕生です（図版7の⑦）。

（3）海に戻る条鰭類　条鰭類と少数の肉鰭類は、淡水から海に戻って今の硬骨魚類に進化しました。海は淡水に比べて酸素濃度が高いため、不要になった肺は、比重調節に使う <ruby>鰾<rt>うきぶくろ</rt></ruby> に変わりました。深海に棲むシーラカンスは、古代の肉鰭類の肉鰭をそのまま残しているので、生きた化石といわれています（図版8図Ａを参照）。

> ☕ **コーヒータイム**
>
> 　シーラカンスは進化を休止したかのように、硬骨魚類としては不格好な古代魚の形態のままで、どうして生き残れたと思いますか？
>
> 　読者の皆様考えてください。その際、彼らが生息場所として選んだ深海という環境を考えてください。

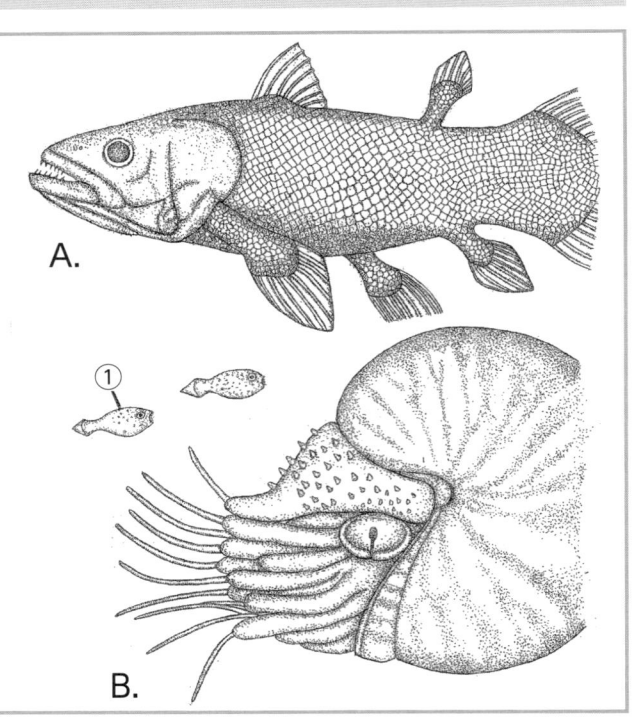

図版8　シーラカンスとオオムガイ

A. シーラカンス
（深海に棲む肉鰭類。進化を停止させ、太古の形質を多く残す）
B. 太古のオオムガイ
（最初の魚の天敵）
①最初の魚

A.

B.

2節

アジの体の仕組み──脊椎動物の基本的体制

　ここで硬骨魚類の体の仕組みを学びましょう。皆さんは、学生時代に魚類の解剖を経験したかもしれませんが、進化の目線で細密画を観察してください。

1. 外部と内部の細密画（図版9、眼球のみ図版23 A）

　a. 生のアジをバットにのせて、体の区分、感覚器、上肢（じょうし）、下肢（かし）を陸上脊椎動物のものと比べたのが図Aです。

　b. 鼻孔は口腔には繋がらずに近接する前後で繋がっていることを、針金を入れて確認したのが図Bです。

　c. 眼球を切り出して輪切りにし、仕組みを調べました（図版23）。

　＊眼球は、脊椎動物（ブタ）と対比して観察できるよう、先回りして図版23（P.63）
　　をご覧ください。

　d. 下顎を上下して、口を開閉しました（図B）。

　e. 鰓蓋と顎を切り取り、口腔、咽頭、鰓を露出しました（図C）。

　f. 片側の鰓を切り取り[注3]、食道入口を露出しました（図D）。

　g. 片側の体壁を取り除き、心臓と内臓を露出しました（図D）。

　　注3　鰓を切り取る際、鰓弓で咽頭と鰓腔（鰓を入れる空所）が仕切られるのを確認し
　　　　ました。

🔍 観察のポイント

A. 外部（図版9）

　（1）全形　体は、頭部（a）、内臓を収納する胴部（b）、及び尾部（c）から構成されます。頭部には感覚器と顎のある口があり、胴部には対の上肢と下肢が付きます。以上は、陸上脊椎動物とも共通します。ただし、海中生活

に適うため、硬骨魚類固有の次の特徴があります。1. 頭部には鰓を守る鰓蓋（えらぶた）があります。2. 首は固定されて回りません。なお、鰓と心臓は首にあります。3. 遊泳に使う尾部は巨大で、体の大半を占めています。4. 上肢には肩部（上肢帯）、下肢には腰部（下肢帯）しかありません。そのため、体形は水の抵抗の少ない流線形です。

（2）感覚器

1）眼球（図版23図Ａを参照）　瞼（まぶた）がないため、露出しています。骨質の強膜輪（きょうまくりん）（図中⑮）に囲まれた大きな楕円体で、内容物と眼球壁から構成されます。内容物は、水晶体（すいしょうたい）（図中⑩）とガラス体（図中⑪）からできています。水晶体は凸レンズで、光を屈折させて網膜に像を結びます。眼球壁は、網膜（もうまく）（図中⑫）、脈絡膜（みゃくらくまく）（図中⑦）、及び強膜（きょうまく）（いわゆる黒目―図中④）よりできています。強膜は外側の丈夫な白色膜（いわゆる白目）で、その前方は透明の角膜（かくまく）（図中①）になります。脈絡膜は中間の黒色膜で、光をさえぎって眼球内を暗くします。その先は虹彩（こうさい）（図中③）になり、目に入る光量を調節します。網膜は内側のピンク色の剝がれやすい膜で、視細胞があり光を映像化します。その中央には、像の映らない盲斑（もうはん）注4（図中⑭）があります。以上、眼球の仕組みは、虹彩（しぼり）水晶体（レンズ）網膜（フィルム）を備えたカメラ眼で、陸上脊椎動物のものと共通します。ただし、「瞼に包まれない」「水晶体は弾力性のない球体で、薄くできない」は、硬骨魚類固有の特徴です。透明度の低い水中生活には「露出していても」「近視眼」でも不都合はありません。

注4　視神経が網膜に入る部分で光を受容する視細胞がありません。

2）鼻　隣接する1対の鼻孔（図中⑤）は、海水の入口と出口です。鼻孔は口腔につながらず、空気を溜める鼻腔も形成されません。鼻は嗅覚器としてのみ働きますが、肺呼吸しないために不都合はありません。

3）耳　陸上脊椎動物にある外耳も中耳もなく、頭骨の中に、聴細胞（ちょうさいぼう）のある内耳（図版10の⑪）のみあります。水の振動は顔面骨により内耳に伝えられて、そこで受容されます。

4）側線　水圧・水流の受容を行う硬骨魚類固有の器官（図中⑦）。

（3）顎　口は、鰓弓から進化した上顎（さいきゅう）（図中①）と下顎（図中②）により開閉

します（魚類の顎は鰓に由来する器官で、ヒトの顎は魚類から受け継いだものです）。顎や咽頭骨（図中⑰）の上には、棘のような同形の歯が密集します。

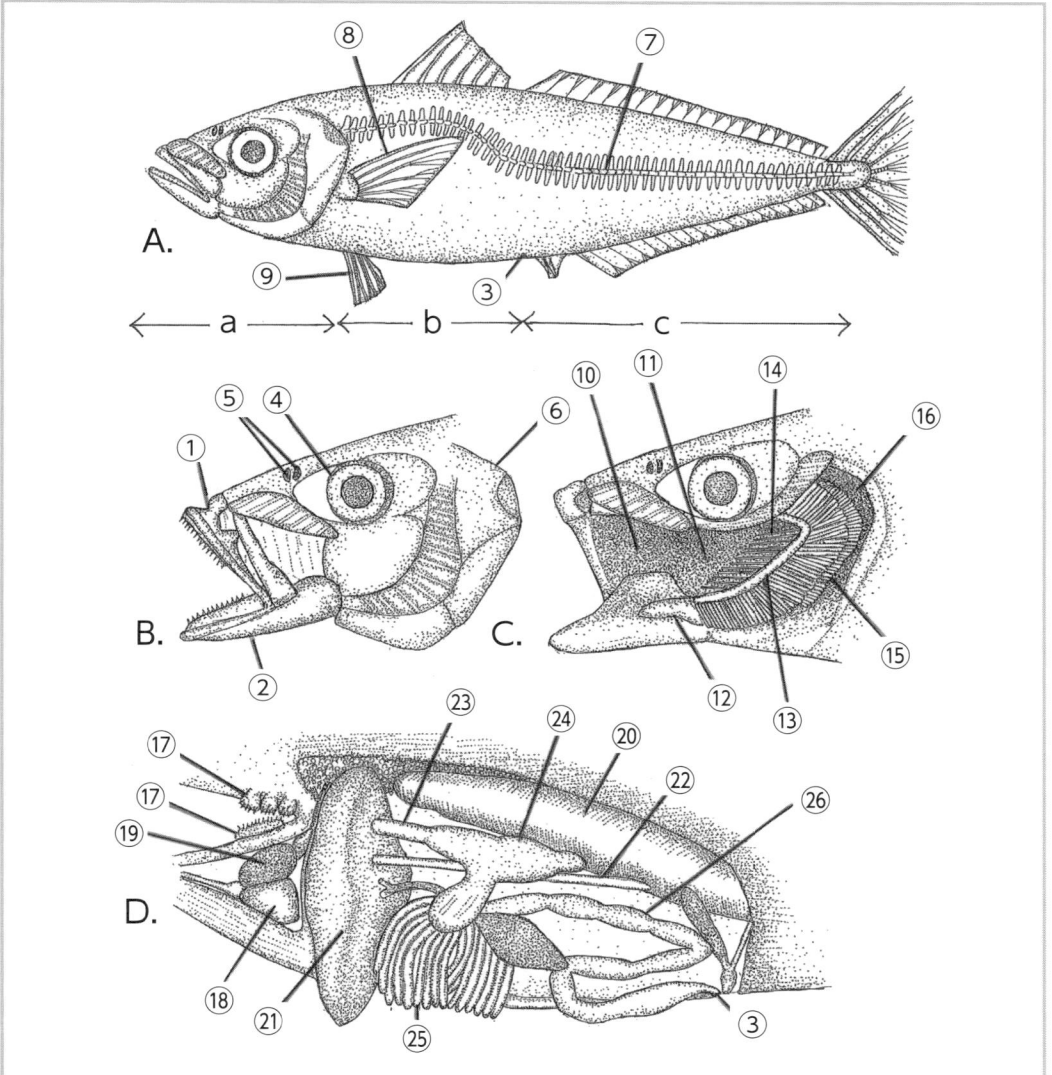

図版９　アジ、硬骨魚類の外部と内部器官

A. 全形　a. 頭部　b. 胴部　c. 尾部　B. 頭部　C. 口腔と咽頭　D. 内部器官
①上顎　②下顎　③肛門　④眼球　⑤鼻孔　⑥鰓蓋　⑦側線　⑧胸鰭　⑨腹鰭　⑩口腔　⑪咽頭
⑫舌　⑬鰓弓　⑭鰓篩　⑮鰓弁　⑯鰓腔　⑰咽頭骨　⑱心室　⑲心房　⑳鰾　㉑肝臓　㉒胆のう
㉓食道　㉔胃　㉕幽門垂　㉖腸

　ヒトの感覚器の中で眼球だけは、皆さんの先祖が魚類の時代にほぼ完成していたことが分かります。最初の脊椎動物にとって視覚の重要性がうかがわれます。

B．内部（図版9）

　（1）咽頭・鰓・鰓腔　口腔（図中⑩）の奥が咽頭（図中⑪）、咽頭の奥が食道になります。鰓腔（図中⑯）は鰓弁を収納する空所で、咽頭とは鰓弓（鰓を支える骨）で、外界とは鰓蓋で仕切られます。

　（2）鰓　咽頭の左右に4枚ずつ付きます。鰓弓（図中⑬）、鰓篩（図中⑭）、及び鰓弁（図中⑮）より構成されています。櫛のような鰓篩は、海水からプランクトンを濾し取るのに使います。毛細血管に富む鰓弁は、鰓弓から鰓腔に向かって垂れ下がり、海水とのガス交換注5（外呼吸）に使います。そのため、鰓は摂餌器と呼吸器を兼ねます。新鮮な海水を鰓弁に送り続ける必要から、口と鰓蓋を開閉して、外界→口腔→咽頭→鰓→鰓腔→鰓蓋→外界という海水の流れをつくっています。

注5　海水から酸素を取り込み、海水に二酸化炭素を排出すること。えら呼吸。

　（3）心臓　首の位置にあるポンプです。仕組みは、「血液を受け取る心房（図中⑲）」と「血液を送り出す心室（図中⑱）」よりなります。心室から送り出した血液は、鰓を経由して鮮紅色の動脈血になり、動脈で全身に運ばれます。組織に酸素を与えたのち暗赤色の静脈血に変わり、静脈により心房に戻り、もとの心室に移ります。

　（4）鰾　比重調節に使う浮き輪のような器官（図中⑳）で、呼吸器として使わなくなった肺から進化しました。

　（5）消化器　口から肛門までつながる消化管とそれに付属する消化腺（消化酵素などを分泌する腺）から成り立っています。消化管は、口腔、咽頭、食道（図中㉓）、胃（図中㉔）、腸（図中㉖）に大別でき、消化腺は肝臓（図中㉑）、胆のう（図中㉒）、すい臓、幽門垂（図中㉕）などからなります。以上は、陸上脊椎動物とも共通します。ただし、すい臓は脂肪組織の中に散らばるので、

肉眼では観察できません。幽門垂は海産魚類固有の器官です。

2．中軸骨格と中枢神経の細密画

観察の手順

　a． アジは、ゆでて観察しました（せっかくですから、煮つけか塩焼きにして、賞味しながら観察するのもお勧めです）（図版10、11）。

　余談ですが、スタジオジブリの人気作品『風立ちぬ』の主人公が、サバの味噌煮が好物で、肋骨を見ては「理想的な形をしている」といいながら、自身が設計に携わっている飛行機のリブ（翼の骨格）の形状を思い描くシーンがあります。硬骨魚類の中軸骨格は、まさに理想的な形をしています。これも自然淘汰（進化）のあらわれといえるのではないでしょうか。

　話を現実に戻しましょう。

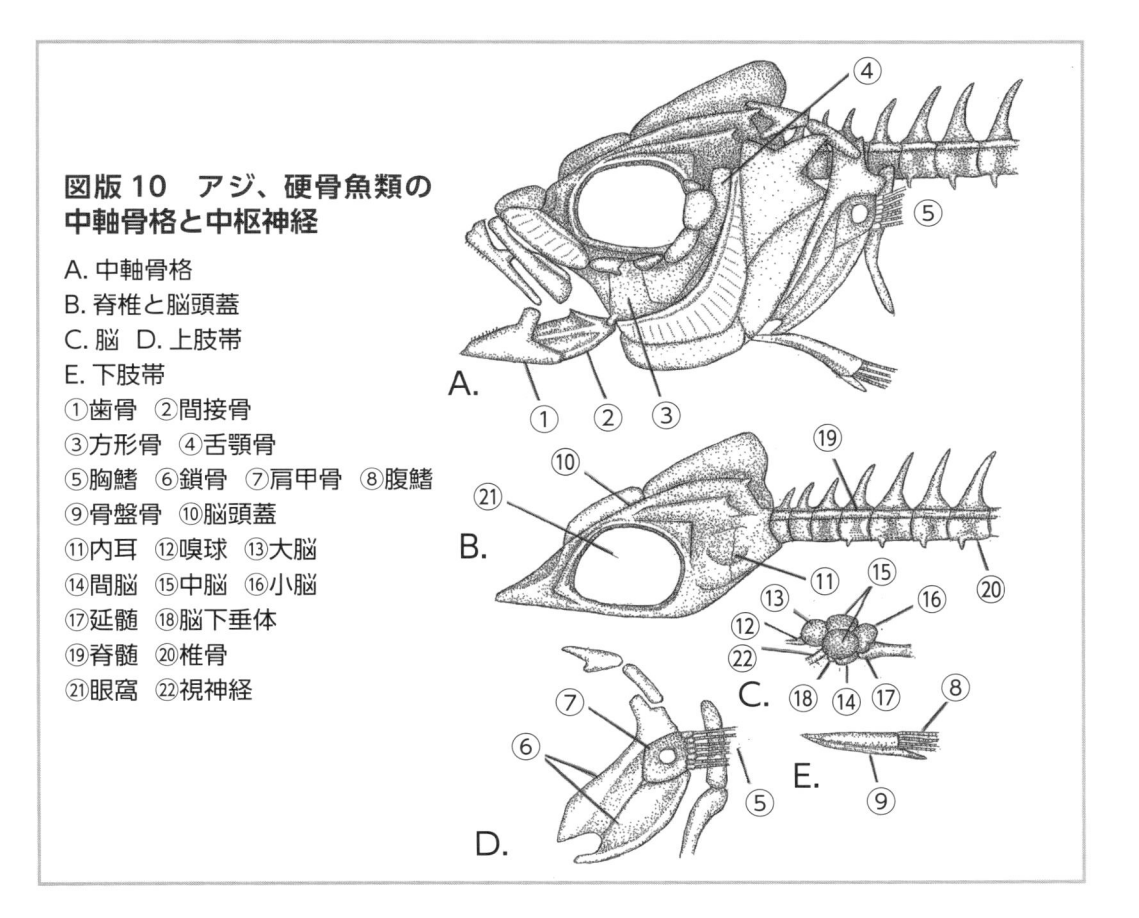

図版10　アジ、硬骨魚類の中軸骨格と中枢神経

A. 中軸骨格
B. 脊椎と脳頭蓋
C. 脳　D. 上肢帯
E. 下肢帯
①歯骨　②間接骨
③方形骨　④舌顎骨
⑤胸鰭　⑥鎖骨　⑦肩甲骨　⑧腹鰭
⑨骨盤骨　⑩脳頭蓋
⑪内耳　⑫嗅球　⑬大脳
⑭間脳　⑮中脳　⑯小脳
⑰延髄　⑱脳下垂体
⑲脊髄　⑳椎骨
㉑眼窩　㉒視神経

b．アジから皮膚と筋肉をむしり取って中軸骨格を露出しました（図版 10 図A）。

c．中軸骨格から、上肢帯（肩部の骨）、下肢帯（腰部の骨）を取り外しました（図版 10 図E図D）。

d．頭骨から顔面頭蓋を取り外し、脳頭蓋を露出しました（図版 10 図B）。

e．脳頭蓋を手で壊して脳を露出しました（図版 10 図C）。

f．脊椎を観察しました（図版 11 図A）。

g．脊椎を折って脊髄を露出しました。その後、椎骨をばらして観察しました。

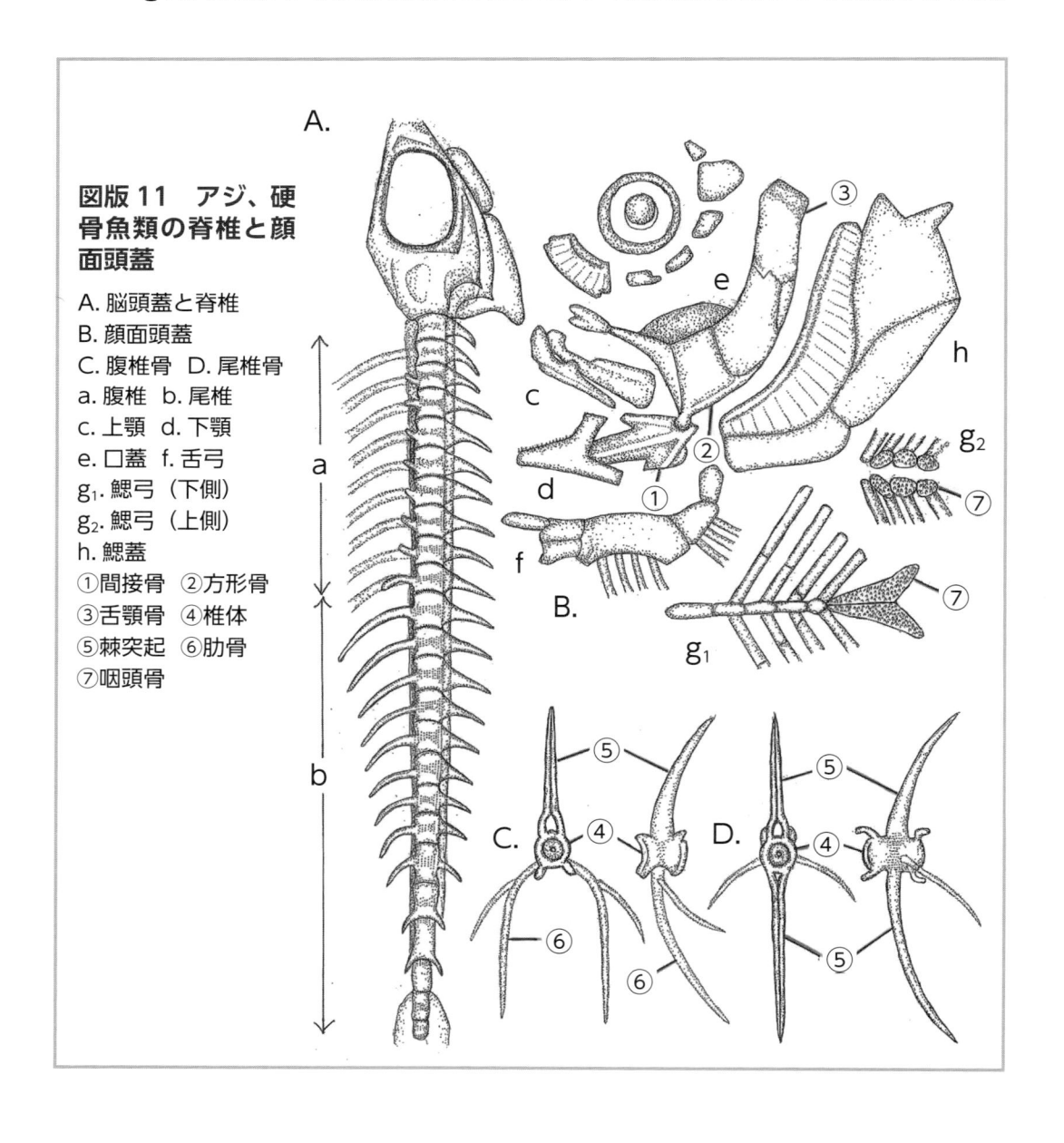

図版 11　アジ、硬骨魚類の脊椎と顔面頭蓋

A. 脳頭蓋と脊椎
B. 顔面頭蓋
C. 腹椎骨　D. 尾椎骨
a. 腹椎　b. 尾椎
c. 上顎　d. 下顎
e. 口蓋　f. 舌弓
g_1. 鰓弓（下側）
g_2. 鰓弓（上側）
h. 鰓蓋
①間接骨　②方形骨
③舌顎骨　④椎体
⑤棘突起　⑥肋骨
⑦咽頭骨

h．顔面頭蓋をパーツごとに分けました。その後、哺乳類の耳小骨と相同な骨を観察しました（図版11 図B）。

🔍 観察のポイント

A．中軸骨格

頭骨、脊椎、上肢骨、及び下肢骨より構成されます。

（1）頭骨　脳頭蓋と顔面頭蓋から構成します。

●脳頭蓋（図版10 B）　脳と感覚器を収納します。眼球を入れる眼窩（図中㉑）は、大きな窪みです。骨の結合が弱く、解体は容易です。

●顔面頭蓋（図版11 B）　消化管の入口を囲み、上顎（図中 c）、下顎（図中 d）、口蓋（図中 e）、鰓弓（図中 g）、舌弓（図中 f）、鰓蓋（図中 h）などから構成されます。鰓弓と鰓蓋など、鰓に関係する骨が多いのが、硬骨魚類の特徴です。下顎は直線形で複数の骨よりなり、顔面骨の方形骨と関節します。顔面骨の間接骨（図中①）、方形骨（図中②）、舌顎骨（図中③）は、水の振動が内耳に伝わる経路にあり、哺乳類においては耳小骨に進化します。

（2）上肢骨・下肢骨　体内に上肢帯（図版10 図D）と下肢帯（図版10 図E）を残すだけです。上肢帯は、胸鰭と関節する肩甲骨（図中⑦）と肩甲骨を支える鎖骨（図中⑥）からなります。下肢帯は、腹鰭と関節する骨盤骨（図中⑨）からなります。

（3）脊椎（図版11 図A）　横に並んだ椎骨が連結してできます。腹椎骨よりなる腹椎（図中 a）と尾椎骨よりなる尾椎（図中 b）に大別できます。椎骨は、円筒形の椎体（図中④）とアーチ状の棘突起（図中⑤）よりなっています。背側のアーチには脊髄が、腹側のアーチには血管が貫通します。ただし、腹椎骨の腹側には棘突起はありません。硬骨魚類固有の長い棘突起は、平たい体を支えるとともに、遊泳筋の付着場所を拡げることで遊泳能力を上げます。また、腹椎骨には肋骨（図中⑥）が付いています。

B．中枢神経（図版10 図C）

脳は、大脳（図中⑬）、間脳（図中⑭）、中脳（図中⑮）、小脳（図中⑯）、延髄（図中⑰）より構成されます。また、大脳には嗅球（図中⑫）、間脳には脳下垂体（図中⑱）が付きます。大脳化は見られず、どの脳も同じ大きさです。大脳には嗅覚中枢、中脳には視覚中枢、小脳には平衡覚中枢があり、大脳に感覚中枢が集中していません。脊髄は円柱形で、脳の後端から伸びて脊椎を貫通します。

対話 ● 6　アジとヒトは、進化の同伴者

私「皆さんにとってアジは何ですか」

高校生「食べ物です」

私「進化の視点に立つと、アジは海に戻った硬骨魚類の進化形、皆さんは陸に上がった硬骨魚類の進化形です。元をたどれば、最初の硬骨魚類です」

高校生「不思議です」

私「もし、皆さんの先祖が陸に上がらず、海に戻っていたら今の皆さんはどんな姿をしていたでしょうか？」

先祖の姿2　肉鰭類に進化した皆さんの先祖

＊肉鰭類の鰭は、中に一列の骨があり、手足のように動かすことができます。馴染みのある仲間にシーラカンスがいます。

肢（足）のような肉鰭をもつ皆さんの先祖は、魚としては不格好で泳ぎもうまくありません。最強の肉食魚ハイネリアから見たら、餌にすぎません。ハイネリアが近づくと、肉鰭を使って川底の枯枝などを掻き分けて、その中に身を潜めました。懸命に生きて命をつないでいると、肉鰭の中の骨も強固になり、肺も発達して、ついに陸に上がりました。そして、陸上脊椎動物の祖先になりました。皆さんの先祖は、耐えて生き延びることで、子孫に繁栄がありました。とにかく、皆さんも先祖のように最善を尽くして忍耐強く生き抜くことが肝心です。

第 5 章

鳥類への進化

（皆さんと別系統の陸上脊椎動物）

▷概要　鳥類は、頭蓋、脳、耳などの仕組みが、魚類と哺乳類の中間的な形態を示すために、哺乳類への進化の途上の動物と考えられた時期もありますが、気嚢システムを備えるなどから、哺乳類とは別系統と考えられています。本章では、まず、鳥類誕生への道筋を物語ります。次に、鳥類の胚膜の形成について触れます。最後に、ニワトリの臓器を細密画で示して、陸上生活と飛行への適応を観察します。

鳥類誕生への道筋

　陸上に上がった皆さんの先祖（魚類型両生類）は、進化して最初の両生類になりました。しかし、水中に卵を生むため水辺からは離れることができませんでした。次に、皆さんの先祖は、陸上に卵を産む有羊膜類へと進化しました。有羊膜類は、発生中の胚が羊膜をつくる動物群です。その後、有羊膜類は、皆さん（哺乳類）につながる哺乳類型爬虫類〔単弓類〕と鳥類につながる爬虫類〔双弓類（図A）〕に枝分かれしました。そして、古生代末期に高気温の時代が来て、その後には、超低酸素濃度の時代が襲ってきました[注1]。地球上の生物の9割が絶滅しましたが、双弓類は気嚢システム[注2]を生み出してこの超低酸素濃度の時代を生き抜き、恐竜（図B）を経て鳥類（図C）へと進化しました。鳥類は、哺乳類と同様に恒温動物で恐竜滅亡後も生き残り、あらゆる生態系で哺乳類と並んで繁栄しています。始祖鳥の化石は、恐竜と鳥類の中間的な形態[注3]を有し、恐竜から鳥類が進化したことの証になっています（図版13を参照）。

注1　火山活動の活発化に伴い超高温に見舞われたジュラ紀。海底のメタンハイドレート（メタンと水が結合して結晶化したもの）が放出されて酸化されたために、水中、陸上とも酸素濃度が急降下しました。

注2　肺につながる気嚢（空気の入る袋）で肺を換気します（図D）。その仕組みは、息を吸うと、後気嚢と前気嚢ともに拡張します。その結果、後気嚢には外界から〔新鮮な空気〕が流入し、前気嚢には肺から〔呼吸に使った空気〕が送られます（図E）。

息を吐くと、後気嚢と前気嚢ともに縮小します。その結果、後気嚢に溜まった［新鮮な空気］は肺に送られ、前気嚢に溜まった［呼吸に使った空気］は外界に放出されます（図F）。以上、肺には呼吸に使った空気は残らず、肺は完全に換気されます。

注3（図版13参照）　鳥類であるにもかかわらず、爬虫類の固有の特徴があります。a. かぎ爪（図中③）のある3本の指（図中②）が、翼から飛び出ています。b. 顎には、歯（図中①）があります。c. 爬虫類のような長い尾部があります（図中④）。

図版12　鳥類への進化（皆さんとは別系統の進化）

A. 双弓類（爬虫類）　B. 恐竜　C. 鳥類
D. 鳥類の気嚢と肺　E. 息を吸う
F. 息を吐く
①肺　②前気嚢　③後気嚢　④気管
⑤新鮮な空気　⑥呼吸に使った空気

図版13　始祖鳥
①歯　②手の指　③爪　④長い尾

鳥類における胚膜の形成

　有羊膜類の胚は、外側にいろいろな膜（胚膜）を形成します。また、鳥類や爬虫類の卵は、丈夫な殻（図中②）を持っています（図版 14 図 B）。

　a．羊膜（図中④）　羊水を満たして胚が発生中に干からびない外部環境をつくる胚膜です。

　b．卵黄嚢（図中⑥）　卵黄を包み、卵黄を保護する胚膜です。卵黄の栄養分は、胚から伸びた血管によって吸収されます。

　c．尿嚢（図中⑦）　胚が発生中に生じた排出物を蓄えておく胚膜です。後に、しょう膜と合わさりしょう尿膜（図中⑩）を形成します。この膜は血管が発達していて、胚と外界のガス交換を可能にします。

　d．しょう膜（図中⑨）　1 番外側の胚膜で、胚を保護します。

対話 ●7　陸上での胚発生に欠かせない胚膜

:　**私**「もし、水中で発生しているメダカの卵を陸上に移すとどうなりますか」
:　**高校生**「発生中の胚は干からびて死んでしまい、稚魚になりません」

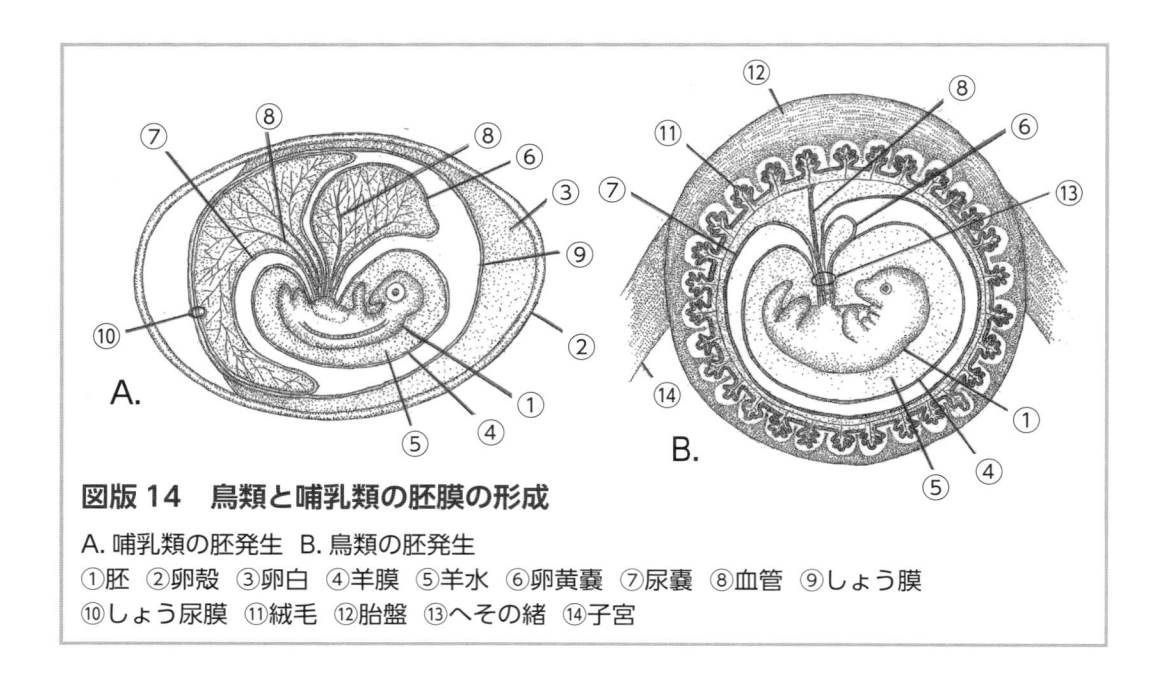

図版 14　鳥類と哺乳類の胚膜の形成
A. 哺乳類の胚発生　B. 鳥類の胚発生
①胚　②卵殻　③卵白　④羊膜　⑤羊水　⑥卵黄嚢　⑦尿嚢　⑧血管　⑨しょう膜
⑩しょう尿膜　⑪絨毛　⑫胎盤　⑬へその緒　⑭子宮

私「ニワトリは、陸上に殻のある卵を産みます。ニワトリの胚発生の特徴は、何ですか」

高校生「羊膜、尿嚢、卵黄嚢、しょう膜の4つの胚膜を胚の周りに形成して、発生する胚の環境を整えることです」

私「4つの胚膜の働きを、ワンルームマンションの中のものに置き換えてください」

高校生「羊膜は風呂に、尿嚢はトイレに、卵黄嚢は冷蔵庫に、しょう尿膜は窓の網戸に、しょう膜は内壁に、卵殻は外壁にあたります」

私「分かりやすくたとえてくれました」

3節

ニワトリの臓器の仕組み

鳥類の器官が、硬骨魚類に代表される脊椎動物の器官の原型から、進化して陸上生活や飛行に適うことを、ニワトリの器官を細密画で観察しましょう。

1. 頭部（鶏頭）の細密画 （図版15～図版17）

（ 観察の手順 ）

a. 目、耳、鼻、口を観察しました（図版15A）。

b. 外鼻孔（図版15の①）は口腔につながっています。

c. 鼻腔、眼球、鼓膜の詳細図です（図版15図B）。

d. 顎を上下別々にして、口腔と咽頭、及び喉頭を観察しました（図版16A、B）。

e. 眼球の内部の仕組みを観察した詳細図です（図版16C～E）。

f. 頭骨の詳細図です（図版17A）。

g. 脳の詳細図です（図版17B、C）。

🔍 **観察のポイント**

（1）感覚器

1）眼　●副眼器（図版15）　眼球を乾燥から守るため、瞼（図中②）と涙腺（図中⑦）が新たに加わりました。

●眼球（図版16図C〜E）　巨大な楕円体で、骨質の強膜輪（図中⑪）に囲まれます[注4]。眼球の仕組みは、硬骨魚類から引き継いだカメラ眼で、水晶体（図中⑯）、虹彩（図中⑨）、盲斑のある網膜（図中⑭）を備えます。ただし、透明度の高い陸上生活では、近くのものから遠くのものまでにピントを合わせる必要があり、水晶体の厚さを自在に変えることは必須です。そのため、水晶体は弾力性のある楕円体になり、その厚さを調節するために、眼球には毛様体とチン小体（図中⑱）が新たに加わりました。さらに、哺乳類にはない櫛状突起が（図中⑮）新たに備わります。この突起は、網膜に栄養を与えて飛行中でも視界を鮮明にするものです 。

注4　大きな眼球を小さな頭骨に収納するには、押しつぶして楕円体にする必要があります。楕円体になった眼球が、球体に戻って飛び出すのを防ぐのが強膜輪です。

2）鼻（図版15図A図B）　硬骨魚類では左右に近接して2個あった外鼻孔が左右に1個になります。これは、もう1個の外鼻孔が口腔に開く内鼻孔（図版16図中①を参照）になるためです。外鼻孔（図中①）の奥には、空気の通り道になる鼻腔（図中④）が新たに拡がり、鼻は感覚器だけでなく呼吸器としても働くようになります。ただし、「外鼻孔の位置が、匂いを嗅ぎ分けるのに適さない嘴の根元にある」「鼻腔の発達が悪い」等の理由で嗅覚は発達していないと考えられています。

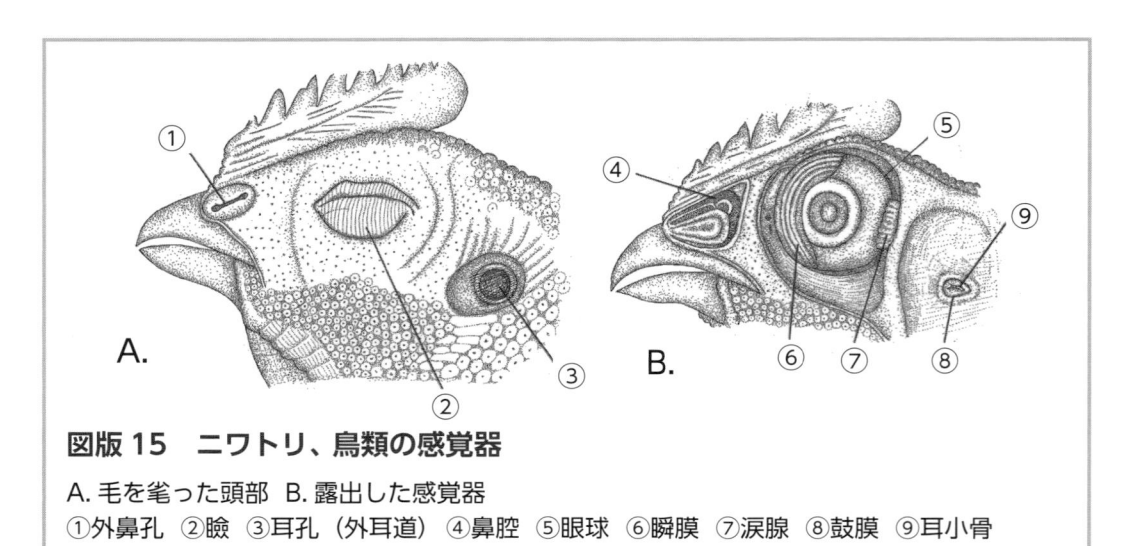

図版15　ニワトリ、鳥類の感覚器

A. 毛を毟った頭部　B. 露出した感覚器
①外鼻孔　②瞼　③耳孔（外耳道）　④鼻腔　⑤眼球　⑥瞬膜　⑦涙腺　⑧鼓膜　⑨耳小骨

3）耳（図版15図A、図B）　音波を集める［耳殻（じかく）］は形成されませんが、聴細胞のある内耳の他に、音波が入る耳孔（図中③）、音波を機械振動に変えて耳小骨に伝える鼓膜（図中⑧）、及び機械振動を増幅して内耳に伝える耳小骨（図中⑨）が新たに生まれます。このため、受容しにくい音波［空気の振動］も、内耳の聴細胞で受容できます。ただし、鳥類の耳小骨は1骨です。

> **トピックス** 　**鳥類と哺乳類の顔**
>
> 　鳥類の「巨大な眼」「上顎と一体になる鼻」「耳殻のない耳」は、哺乳類の「小さな眼」「上顎から突き出た外鼻」「左右に大きく張り出た耳殻」とは対照的です。このことから、鳥類は視覚に依存する昼行性動物、哺乳類は聴覚や嗅覚に依存する夜行性動物と考えます（図版15図A、図版21図A）。

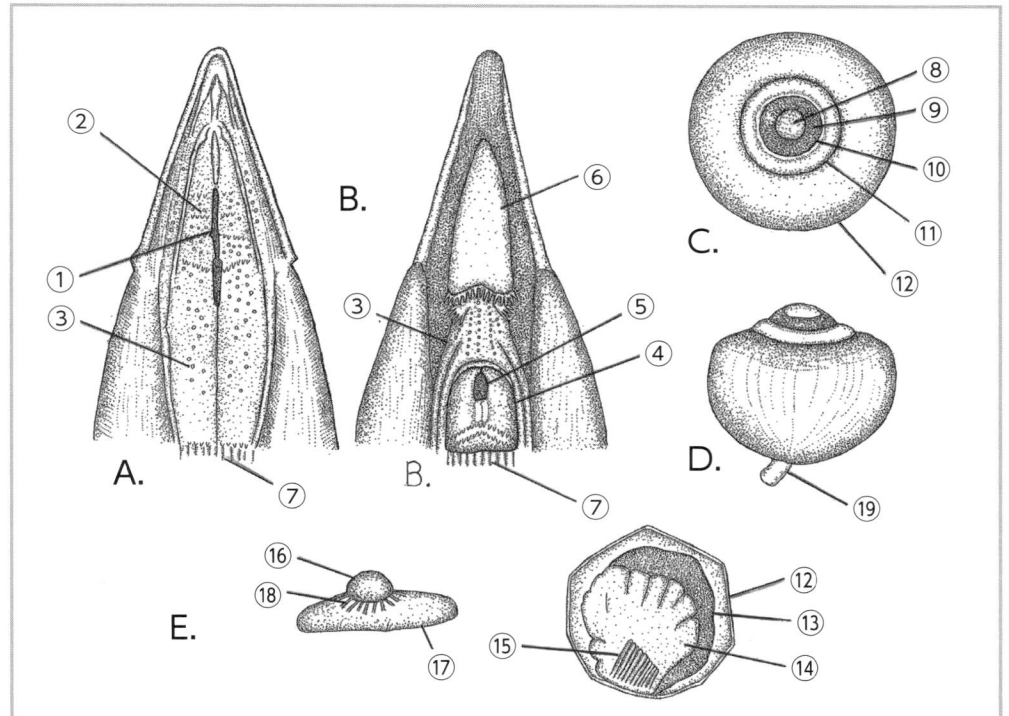

図版16　ニワトリ、鳥類の気道と眼球のしくみ　注：毛様体と盲斑は省略しました
A. 口腔と咽頭の背壁　B. 口腔と咽頭の腹壁　C. 眼球正面　D. 同側面　E. 同内部
①内鼻孔　②口腔　③咽頭　④喉頭　⑤喉頭入口　⑥舌　⑦食道　⑧瞳孔　⑨虹彩　⑩角膜
⑪強膜輪　⑫強膜　⑬脈絡膜　⑭網膜　⑮櫛状突起　⑯水晶体　⑰ガラス体　⑱チン小体
⑲視神経

（2）**気道**（図版16図A 図B） 咽頭と気管をつなぐ喉頭（図中④）が新たに形成されます。そのため、口→口腔→咽頭→食道とつながる食物の通路の他に、外鼻孔→鼻腔→内鼻孔（図中①）→口腔→咽頭→喉頭→気管→肺とつながる空気の通路（気道）が、新たに生まれます。肺が機能するには、気道の形成は必須です。喉頭は軟骨質の器官で、食べ物が気管に入るのを防ぎます。

[トピックス] **鳥類の発声**

哺乳類は喉頭にある声帯で、発声します。鳥類は喉頭には声帯はなく、気管の分岐点にある鳴管で発声します。

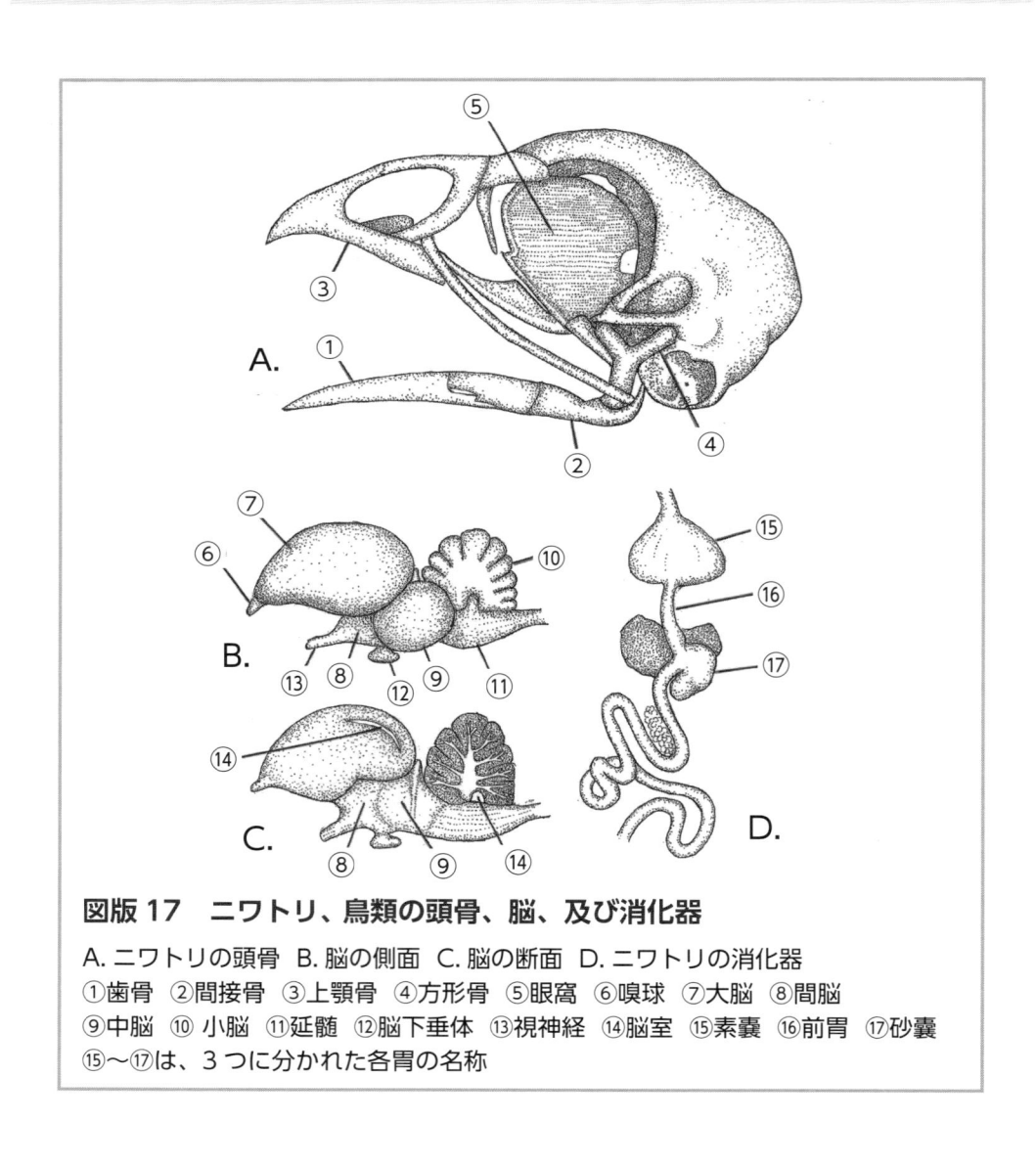

図版 17　ニワトリ、鳥類の頭骨、脳、及び消化器

A. ニワトリの頭骨　B. 脳の側面　C. 脳の断面　D. ニワトリの消化器
①歯骨　②間接骨　③上顎骨　④方形骨　⑤眼窩　⑥嗅球　⑦大脳　⑧間脳
⑨中脳　⑩小脳　⑪延髄　⑫脳下垂体　⑬視神経　⑭脳室　⑮素嚢　⑯前胃　⑰砂嚢
⑮〜⑰は、3つに分かれた各胃の名称

（3）頭骨（図版17図A）　脳頭蓋と顔面頭蓋からなるのは、硬骨魚類から受け継ぎます。

●脳頭蓋　薄くて硬い頭蓋骨が密着してできたピンポン玉で、軽くて強固です。側面の大きな窪みは、眼球が入る眼窩（図中⑤）です。

●顔面頭蓋と歯　下顎は直線型で複数の骨より構成され、顔面骨の方形骨（図中④）と関節するのは、硬骨魚類から引き継いでいます。ただし、陸上生活では不要になる鰓が消失するため、鰓を保護していた鰓蓋、鰓を支えていた鰓弓は消失します。その上、口蓋の舌顎骨が耳の中に移動して耳小骨になるため、顔面頭蓋は硬骨魚類に比べるとすっきりしたものになります。歯を消失した顎骨は軽量になり、飛行には適いますが食物を咀嚼できません。そのため、咀嚼は砂嚢（図中⑰）で行います。砂嚢は鳥類の3つの胃の1つで、砂肝として市販されている筋肉性の袋です。食べた物はその中で、小石や砂を使って咀嚼されます。小石や砂は、鳥類が飲み込んだものです。

（4）脳（図版17図A図B）　大脳（図中⑦）・間脳（図中⑧）・中脳（図中⑨）・小脳（図中⑩）・延髄（図中⑪）より構成されています。また、大脳には嗅球（図中⑥）、間脳には脳下垂体（図中⑫）が付いています。以上、脳の仕組みは硬骨魚類から引き継ぎます。魚類のものに比べて脳全体が大きくなるとともに、大脳化が見られます。ただし、大脳は他の脳に比べて大きくなりますが、哺乳類のように間脳や中脳に覆い被さることはありません。大脳には溝は形成されていませんが、小脳には溝が形成されています。これは、飛行に必要な平衡覚の発達と関係が深いと考えられます。

2．心臓（鶏ハツ）の細密画（図版18）

a．図版18の図Aは、腹面より観察した心臓の外部と心臓から出る大動脈と肺動脈です。

b．同・図Bは、心房、大動脈、肺動脈を輪切りにして観察した、心房と動脈の壁、隔壁、及び弁です。

c．同・図Cは、心室を輪切りにして観察した、心室の壁と隔壁です。

d．同・図Dは、縦に切り開いて観察した右側ポンプの内部です。

e．同・図Eは、縦に切り開いて観察した左側ポンプの内部です。

（1）心臓の仕組み　心房と心室よりなるポンプは、硬骨魚類から引き継ぎます。ただし、循環経路が体循環と肺循環の２つになる鳥類では、ポンプ１個の心臓（１心房１心室）から、ポンプ２個の心臓（２心房２心室）に進化しています。右ポンプは、右心房（図中①）と右心室（図中②）からなります。全身から戻る静脈血は右心房で受け取り、右心室から肺に送り出します。左ポンプは、左心房（図中③）と左心室（図中④）よりなります。肺から戻る動脈血は左心房で受け取り、左心室から全身に送り出します。左右のポンプは隔壁（図中⑪）で完全に仕切られていますので、両ポンプの血液が混じることはありません。爬虫類の心臓も２つのポンプからなる２心房２心室ですが、隔壁が完

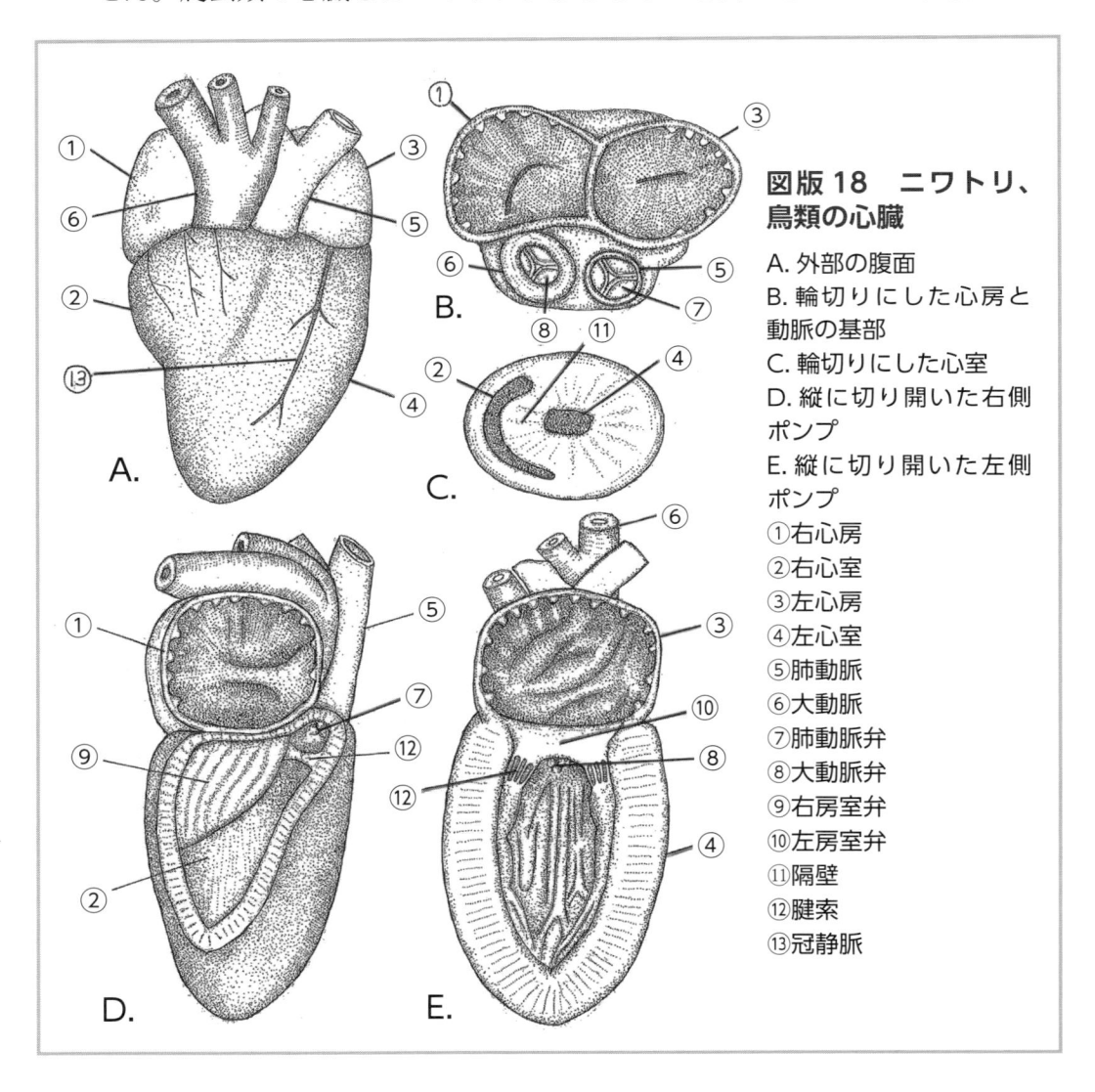

図版 18　ニワトリ、鳥類の心臓

A. 外部の腹面
B. 輪切りにした心房と動脈の基部
C. 輪切りにした心室
D. 縦に切り開いた右側ポンプ
E. 縦に切り開いた左側ポンプ
①右心房
②右心室
③左心房
④左心室
⑤肺動脈
⑥大動脈
⑦肺動脈弁
⑧大動脈弁
⑨右房室弁
⑩左房室弁
⑪隔壁
⑫腱索
⑬冠静脈

成していないため、右ポンプの中の静脈血と左ポンプの中の動脈血が、多少混ざります。

（２）循環経路 心臓→肺動脈→肺→肺静脈→心臓の肺循環、心臓→大動脈→全身→大静脈→心臓の体循環の２つの経路からなります。肺を流れると、血液は酸素を取り入れて鮮赤色の動脈血になり、全身の組織を流れると血液は酸素を離して暗赤色の静脈血になります。

（３）壁と弁 ［壁］心室は心房より厚く、左心室は右心室の３倍の厚さがあります。これは、心房が隣の心室に、右心室は心臓の近くの肺に、左心室は体の末端まで血液を送り出すためです。

［弁］心房の出口には房室弁（図中⑨⑩）が、心室の出口には動脈弁（図中⑦⑧）があり血液の逆流を防いでいます。

（４）心臓に付いている血管 大静脈と肺静脈は切れやすく、市販されている心臓には付いていません。「多量で高血圧の血液」が流れる大動脈（図中⑥）の壁は、厚くて弾力性があります。それに比べて「少量で低血圧の血液」が流れる肺動脈（図中⑤）の壁は、薄くて弾力性がありません。心室の腹面にも冠静脈（図中⑬）が付いています。

対話 ●８ 体循環と肺循環に分かれる意味

高校生「硬骨魚類のように１つの循環経路では、どうしていけないのですか？」
私「心臓→肺→全身→心臓と血液が循環すると、経路が長くて一周するのに時間がかかり過ぎます。さらに、肺を経由して全身に血液を送るには、２つの経路の時よりも高血圧の血液を肺に送る必要が生まれ、袋状の肺胞（肺の構成単位）は壊れます。以上、肺呼吸するには、血液の循環経路を体循環と肺循環に分けることが前提です。それには、２心房２心室の心臓は必須です。よって、肺、血管、心臓が一体となって方向性を持って進化して、肺呼吸が初めて益なるものになります」

３．肘から先の上肢（手羽先）の細密画 (図版 19)

観察の手順

a．腹面より外部を観察しました（図A）。

b. 前腕の筋肉は、伸筋（橈掌骨伸筋⑦）と屈筋（尺腕骨屈筋⑧）、それに腱（図中⑨）を観察しました（図B）。

c.（図C）は骨格の詳細図です。ヒトの肘から先の上肢骨格（図版34）と比べて観察してください。

🔍 観察のポイント

（1）外部（図A）　前腕（図中③）と手からなり、手は掌^(てのひら)（図中①）と３本の指からなります。前腕と手の間に手関節（図中②）が、指に指関節があります。以上、肘から先の上肢の仕組みは、ヒトのものとも共通します。

（2）筋肉と腱（図B）

　1）骨格筋　紡錘形の柔らかい骨格筋（屈筋・伸筋）が前腕骨を取り巻きます。これらの骨格筋の先端は強固な腱（図中⑨）になり、手関節越しに手の骨に強固に接着します。そのため、羽ばたきなど負荷のかかる運動をしても、

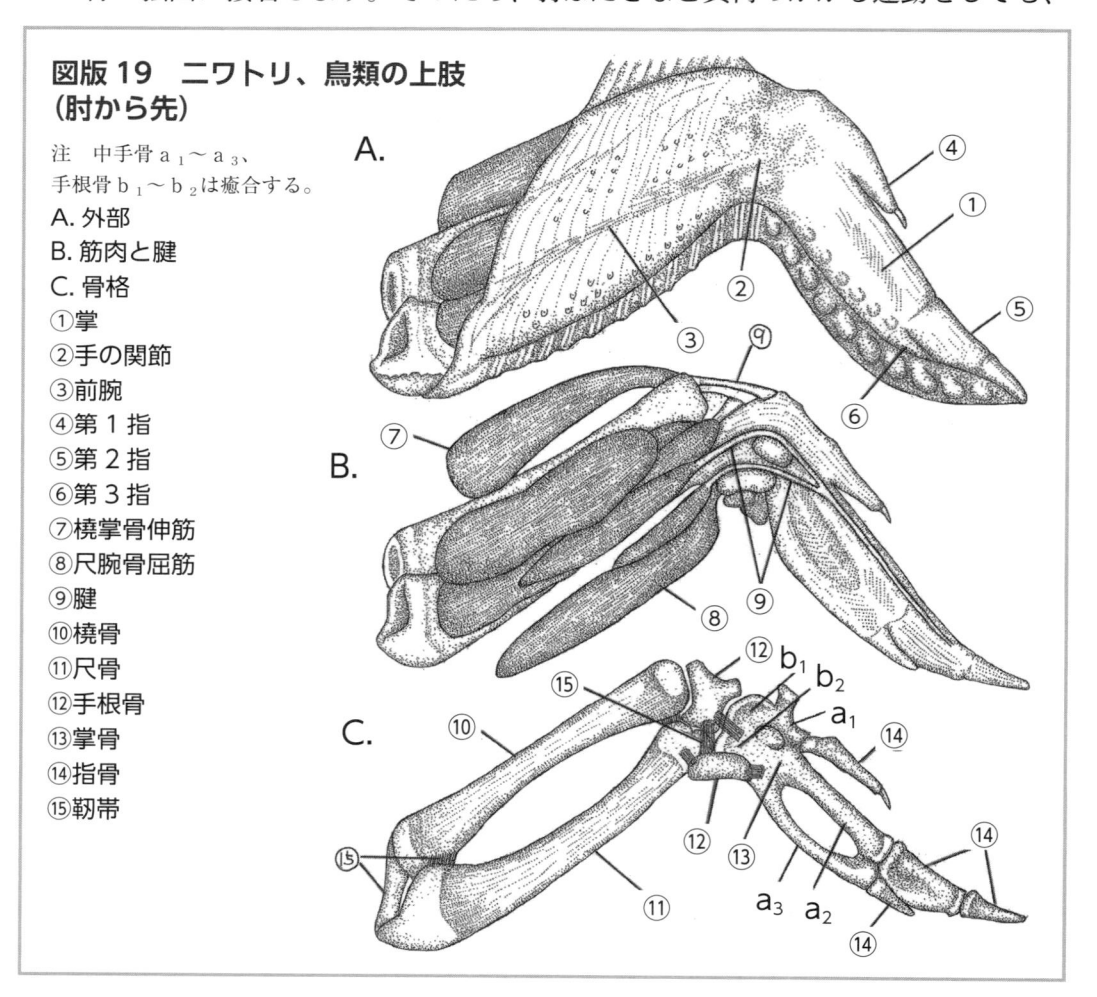

**図版 19　ニワトリ、鳥類の上肢
（肘から先）**

注　中手骨 a_1〜a_3、
手根骨 b_1〜b_2は癒合する。
A. 外部
B. 筋肉と腱
C. 骨格
①掌
②手の関節
③前腕
④第１指
⑤第２指
⑥第３指
⑦橈掌骨伸筋
⑧尺腕骨屈筋
⑨腱
⑩橈骨
⑪尺骨
⑫手根骨
⑬掌骨
⑭指骨
⑮靭帯

骨格筋は骨から剥がれません。

　２）関節運動　橈掌骨伸筋（図中⑦）を引くと手首が伸び、尺腕骨屈筋（図中⑧）を引くと手首が曲がります。

　（３）骨格（図Ｃ）　前腕は橈骨（図中⑩）と尺骨（図中⑪）より、手は手根骨と中手骨、及び指骨より構成されます。骨と骨は、靱帯で結ばれて骨格になります。以上、骨格の仕組みは、肘から先のヒトの上肢骨格（図版34）と共通します。ただし、鳥類では、中手骨と手根骨が融合して１本の掌骨（図中⑬）にまとまり、手は翼の一部になります。以上、鳥類の翼とヒトの上肢は、相同器官です。

対話●９　なぜ、鳥類は飛べるのか？

私「ニワトリの臓器を観察して、どんなことに気づきましたか」

高校生「上肢が翼になる。血液が少ない。眼球と心臓が体の割に大きい。骨が軽い」

私「翼になる上肢、軽い体、高機能の眼球と心臓は、飛行には欠かせないものです。臓器の細密画では観察できなかった《翼を動かす分厚い胸筋》《胸筋の足場になる竜骨突起》《気嚢》も必須です」

高校生「気嚢とは何ですか」

私「肺につながる空気袋です。肺を換気するとともに、体積の割に体を軽くします」

高校生「いつ、できたのですか」

私「低酸素濃度の時代、恐竜の子孫である双弓類が身に着けたものです。それを、恐竜、鳥類と受け継ぎ、鳥類が飛ぶための必要条件の１つになりました」

　＊ ニワトリの飛行：ニワトリは飛ばないイメージがありますが、放牧中のニワトリはハトのように羽ばたいて短距離飛行をします。

第 6 章

哺乳類への進化

（地上生活に適応する皆さんの先祖）

概要 ヒトの所属する哺乳類は、今、地球上でもっとも繁栄している動物です。海、草原、森林といろいろな生態系の食物連鎖の頂点に立っています。本章では、まず、哺乳類誕生への道筋を説明します。次に、真獣類における胎盤の形成の仕組みを説明します。続けて、マウスの細密画（図版21）で哺乳類の体制を観察します。最後に、ブタの頭部器官や頭骨の細密画を使って、哺乳類が繁栄した理由を観察します。

1節

哺乳類誕生への道筋

皆さんの先祖である哺乳類型爬虫類も、双弓類と同様に超低酸素濃度の時代を迎えましたが、横隔膜による腹式呼吸（肺の換気）を生み出すことで、その時代を乗り切りました。さらに長い年月が流れ、皆さんの先祖は哺乳する、最初の哺乳類に進化していました。この時代、地球上で最も繁栄していた動物は恐竜です。最初の哺乳類は、毛皮をまとった小さな恒温動物でした。恐竜が活動する昼は地下の穴に潜み、恐竜が眠る夜に活動することで、恐竜とも共存していました。上顎から突き出た外鼻（図中a）と外鼻孔（図中b）、及び左右に張り出した耳殻（図中c）を持った、視覚よりも嗅覚や聴覚に頼る夜行性の動物でした。横隔膜の他に、顔面頭蓋にも哺乳類繁栄に繋がる固有の特徴が備わっていました。その後、最初の哺乳類は、卵を産む単孔類、育児嚢をもつ有袋類[注1]、皆さんにつながる胎盤をもつ真獣類に枝分かれしました。中生代の末期に、巨大隕石が地球に衝突したのが原因で、粉塵が舞い上がり地球全体が寒冷化するとともに、光合成を基盤とする食物連鎖も大打撃を受けました。その結果、多量の食物を必要とする大きな恐竜が滅びました。哺乳類は小形の恒温動物であったことが幸いして、恐竜がいなくなった後も生き延びて、その穴を埋めるかのように地表はもちろん、水中、空中、樹上、地中などの環境にも進出しました。ただし、オーストラリア大陸以外の大陸の有袋類と単孔類は、真獣類との競争に負けて消滅しました。**図版20** は、哺乳類型爬虫類から進化した真獣類が、それぞれの環境に適した多様な形態になっているのを模式的に描きました。手は、土を掘るモグラではスコップに、空を飛ぶコウモリでは翼に、泳ぐイルカで

は鰭になっています。皆さんの先祖はネズミとの競争を避けて、生活場所を樹上にしました。これから先は、第7章で語ります。

　注1　子宮がありますが胎盤が形成されないため、胎児を体内で成長させることがでないため、生まれた子は小さく、育児嚢に入れて育てます。

図版20　環境に適応した形態になる真獣類

注　外鼻とは、鼻の外に突き出た部分。①哺乳類型爬虫類　②最初の真獣類　③モグラ　④イルカ　⑤ウサギ　⑥シカ　⑦イノシシ　⑧クマ　⑨サル　⑩リス　⑪ムササビ　⑫コウモリ
a. 外鼻　b. 外鼻孔　c. 耳殻

真獣類の胎盤形成

　胚膜の形成は、鳥類（爬虫類）と同じです。ただし、羊膜・卵黄嚢・尿嚢が、合わさってへその緒が形成されるとともに、［胎児由来のしょう膜と尿嚢が合わさった絨毛］と［母由来の子宮］によって胎盤が形成されます。形成された胎盤によって、母親から胎児に酸素と栄養、及び抗体が運ばれます。その結果、胚は子宮で発育して、大きな子として生まれます。胎生というありかたの出現です（図版14 図A）。

3節

マウスの細密画

　マウスの仕組みを「哺乳類としてのあり方を支える器官」を観察します（図版21、22）。

観察の手順

🔍 観察のポイント

　（1）外部（図版21 図A）　感覚器や顎のある頭部、内臓を収納する胴部、尾部より成ります。胴部には上肢と下肢が付いています。以上、基本的な仕組みは、硬骨魚類から引き継ぎますが、「胴部は胸部と腹部に分かれる」「首は自在に回る」「尾部は退化し、上肢と下肢が主たる運動器になる」など、違いも生じます。さらに、感覚器、皮膚、乳頭には、次に示す哺乳類の在り方を決める進化が見られます。

　1）**感覚器**　上顎から前に突き出る外鼻（図中④）は、匂いを嗅ぎ分けるに適います。目は、頭部の割に小さくなります。張り出た大きな耳殻（図中⑥）は、小さな音波も拾うに適います。

　2）**皮膚**　毛が密生した毛皮になり、恒温動物としての性質を支えます。

　3）**乳腺**　乳児が授乳しやすいように、開口部は隆起して乳頭（図中①）になります。授乳することで、母子の絆が深まります。

（2）内部 （図版21 C図版22 A〜C）

1）胸部 「肋骨などからなる胸壁」と横隔膜に囲まれた胸腔（密封空間）が形成され、その中に心臓と肺が収納されます。心臓は2心房2心室で、鳥類のものと酷似します（図版22 B）。肺は呼吸器で、気管により喉とつながります。横隔膜は筋肉性の膜で、上下して腹式呼吸（肺の換気）をします。詳細な仕組みは、次の通りです（図版34図Cも参照）。息を吸うと、横隔膜は収縮して引き下がり、胸腔の内圧が下がるため、肺が膨らんで外界から新鮮な

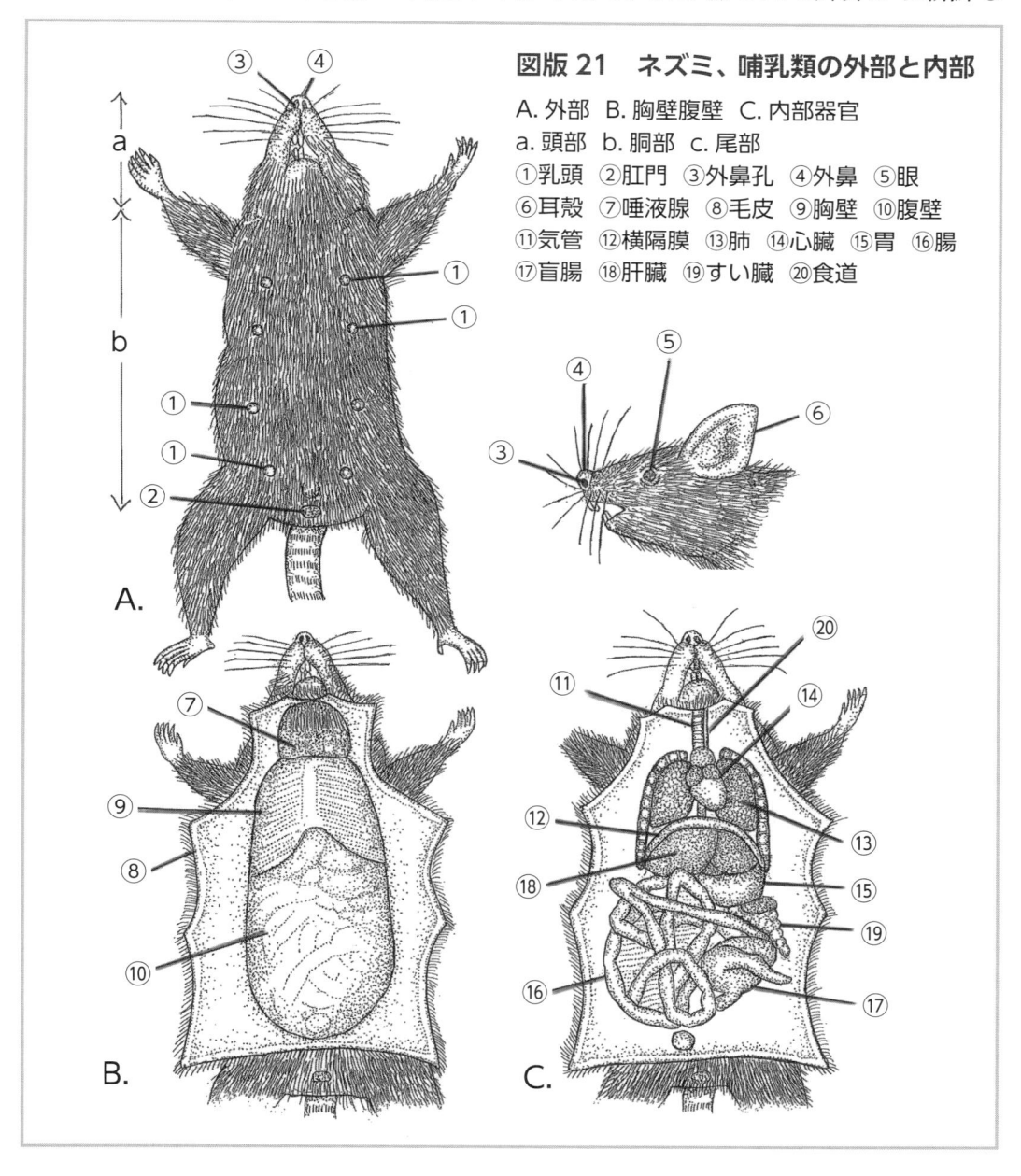

図版21　ネズミ、哺乳類の外部と内部

A. 外部　B. 胸壁腹壁　C. 内部器官
a. 頭部　b. 胴部　c. 尾部
①乳頭　②肛門　③外鼻孔　④外鼻　⑤眼
⑥耳殻　⑦唾液腺　⑧毛皮　⑨胸壁　⑩腹壁
⑪気管　⑫横隔膜　⑬肺　⑭心臓　⑮胃　⑯腸
⑰盲腸　⑱肝臓　⑲すい臓　⑳食道

空気が流入します。息を吐くと、横隔膜は弛緩して自身の弾力で引き上がり、胸腔の内圧が上がるため、肺が萎んでその中の空気を外界に排出します。横隔膜による複式呼吸は哺乳類固有で、哺乳類の繁栄を支えます。ただし、鳥類の気嚢システムに比べると肺の換気は不完全です。

2）腹部　腹側に消化器、背側に子宮と腎臓があります。消化器の構成は、魚類のものを引き継ぎますが、腸は長くなり小腸、盲腸、大腸に分化します。

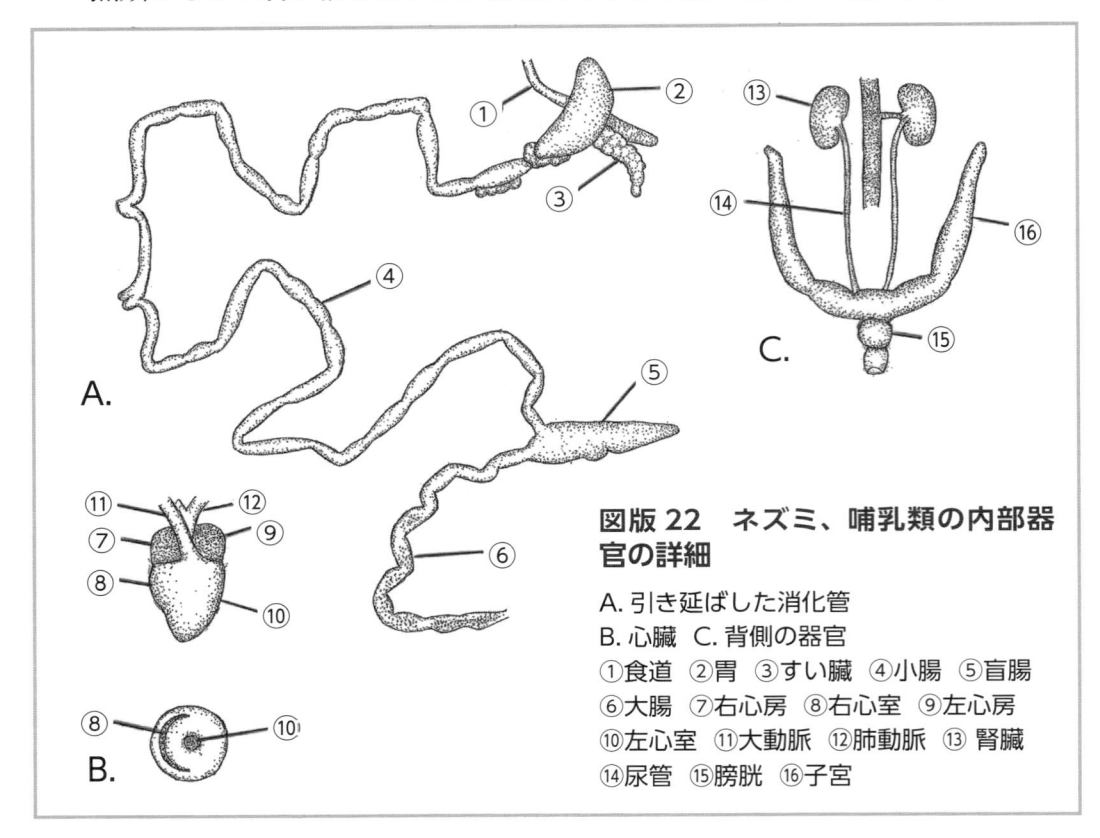

図版22　ネズミ、哺乳類の内部器官の詳細

A. 引き延ばした消化管
B. 心臓　C. 背側の器官
①食道　②胃　③すい臓　④小腸　⑤盲腸
⑥大腸　⑦右心房　⑧右心室　⑨左心房
⑩左心室　⑪大動脈　⑫肺動脈　⑬腎臓
⑭尿管　⑮膀胱　⑯子宮

4節

ブタの頭部器官の細密画

🔍 **観察のポイント**

（1）眼（図版23図B）

●副眼器　鳥類と同様に、乾燥から眼球を守るため、瞼（図中⑥）と涙腺を備えます。

●**眼球**　硬骨魚類から引き継いだカメラ眼で、虹彩（図中③）・水晶体（図中⑩）・盲斑のある網膜（図中⑫）を備えます。また、鳥類と同様に近くから遠方まで見る必要から、水晶体は弾力性のある楕円体になり、その厚さを調節する毛様体（図中⑧）とチン小帯（図中⑨）が備わりました。眼球は頭骨の割に小さいため、球形のまま収納できるので楕円体に固定する強膜輪はありません。

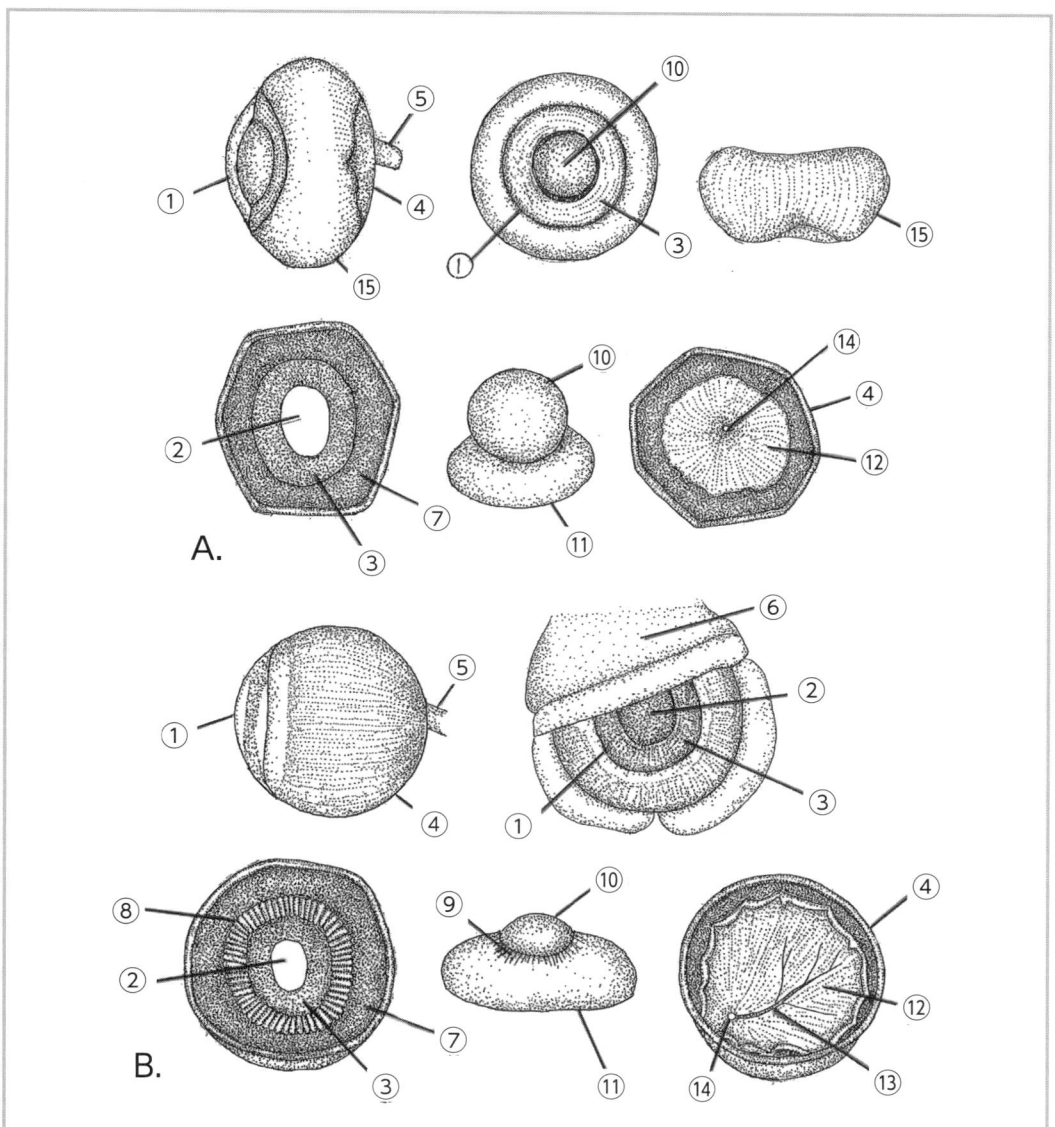

図版23　魚類（アジ）と哺乳類（ブタ）の眼球

A. 魚類の眼球　B. 哺乳類の眼球　a. 側面　b. 正面　c. 断面前半　d. 内容物　e. 断面後半
①角膜　②瞳孔　③虹彩　④強膜　⑤視神経　⑥瞼　⑦脈絡膜　⑧毛様体　⑨チン小帯
⑩水晶体　⑪ガラス体　⑫網膜　⑬血管　⑭盲斑　⑮強膜輪

トピックス 夜行性への適応

　網膜にある視細胞（光刺激を受容する）は、錐体細胞（明所で働き・色の識別が可能）と桿体細胞（暗所で働き・明暗にのみ反応）から構成されます。脊椎動物は基本的には４種類の錐体細胞を持つ４色型色覚ですが、霊長類を除く哺乳類は２種類の錐体細胞を持つ２色型色覚（藍色に世界を見る）です。さらに、鳥類などと比べて桿体細胞の数が多いのが特徴です。それは、最初の哺乳類が夜行性であったため、２種類の錐体細胞が消失して２色型色覚になったと考えられます。

　（2）**鼻腔**（図版24図B）　外鼻孔から後方に長く伸びて、上端は嗅球（図中d）に、下端は咽頭の内鼻孔につながります。発達した鼻腔（図中b）、匂いを嗅ぐのに適う口先にある外鼻孔、発達した嗅球から、嗅覚が発達していると考えます。

　（3）**脳**

　1）外部（図版25図A）　大脳（図中①）・間脳（図中②）・中脳（図中③）・小脳（図中④）・延髄（図中⑤）より構成されています。また、大脳には嗅球（図中⑧）、

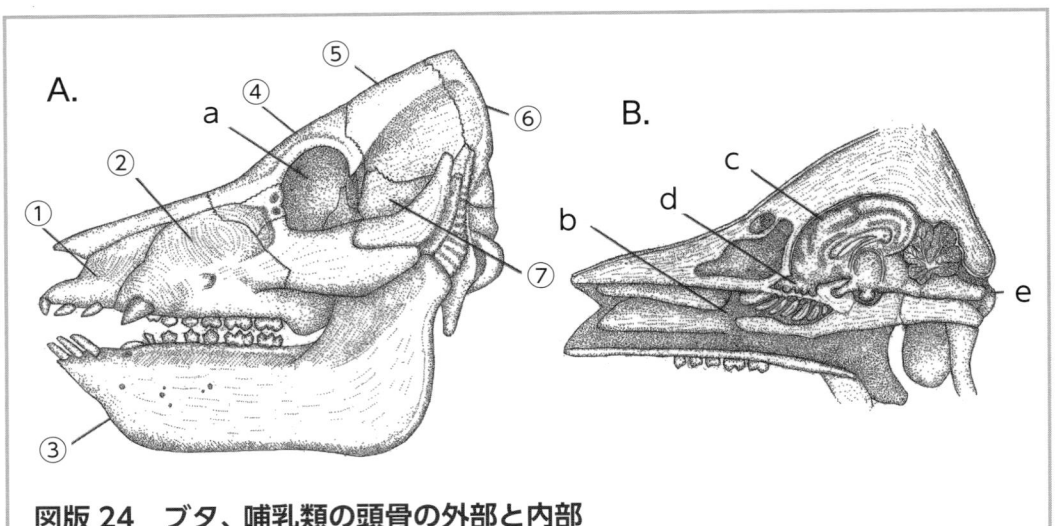

図版24　ブタ、哺乳類の頭骨の外部と内部

A. 外部　B. 断面　a. 眼窩　b. 鼻腔　c. 脳腔に入る脳　d. 嗅球　e. 大後頭孔
①前顎骨　②上顎骨　③歯骨　④前頭骨　⑤頭頂骨　⑥後頭骨　⑦側頭骨
①〜③は、顔面頭蓋の骨　　④〜⑦は、脳頭蓋の骨

間脳には脳下垂体（図中⑦）が付いています。以上、脳の基本的な仕組みは硬骨魚類から引き継ぎますが、次に示す固有の特徴がみられます。

Ⅰ．大脳と小脳（しなやかな動きをつくる）は大きく膨らみ、間脳と中脳を覆います。大脳の表面には深い溝が、小脳の表面には細かい溝が刻まれます。

Ⅱ．匂いの嗅ぎ分けに重要な嗅球（きゅうきゅう）は、前方に大きく張り出します。

Ⅲ．脳容積は100mlもあり、硬骨魚類はもちろん、鳥類に比べても図抜けて大きくなっています。

　２）縦断面（図版25図B）　脳幹（のうかん）が、間脳、中脳、延髄より形成されるのが分かります。中枢神経は、ニューロンが集まってできます。ニューロンは、中心にある細胞体とそこから伸びる軸策（じくさく）からなります。大脳の表面に近い灰色部分を大脳皮質（図中⑪）といい、ここにはニューロンの細胞体が集まります。内部の部分を大脳髄質（図中⑫）といい、大脳皮質に出入りする軸策が、集まります。鳥類よりも大脳皮質が発達するのはもちろんのこと、脳室（図中⑩）や右脳と左脳をつなぐ脳梁（のうりょう）（図中⑨）などもみられるなど、脳の内部も複雑になっています。

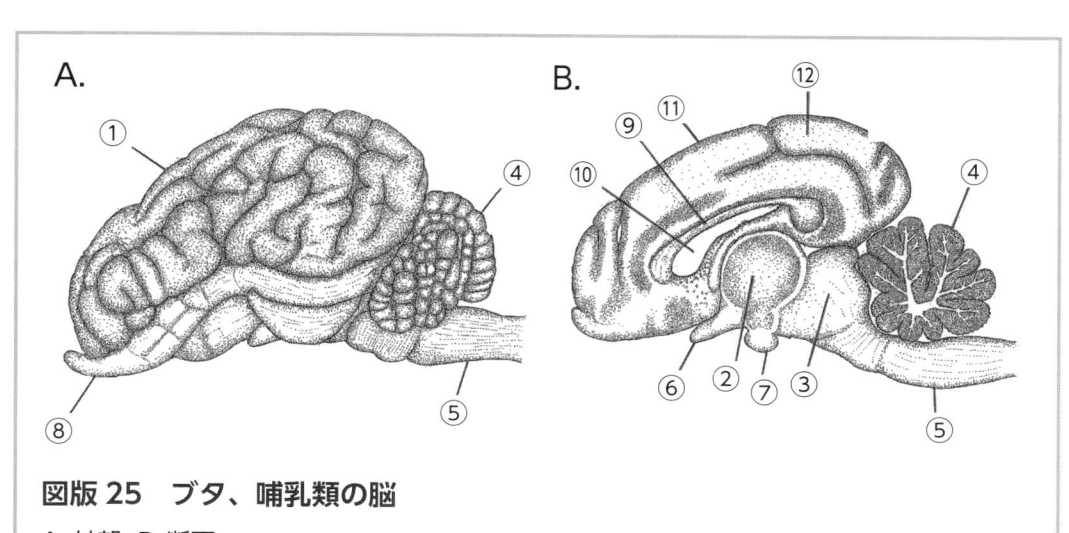

図版25　ブタ、哺乳類の脳

A. 外部　B. 断面
①大脳　②間脳　③中脳　④小脳　⑤延髄　⑥視神経　⑦脳下垂体　⑧嗅球　⑨脳梁
⑩脳室　⑪大脳皮質　⑫大脳髄質

ブタの頭骨の細密画

🔍 観察のポイント

（1）頭骨の全形（図版24図A）　基本的な仕組みは、硬骨魚類から引き継ぎます。顎骨（図中①②③）が大きく、眼窩（図中a）が小さいのが哺乳類の特徴です。

（2）顔面頭蓋（図版26）

1）下顎（図B）元は直線型で複数の骨から構成されていましたが、L字型で歯骨1骨（図中d）に進化しました。脳頭蓋の側頭骨と直に関節するため、従来の顎関節の間接骨と方形骨は、耳の中に移動して耳小骨になります。そのため、耳小骨は鳥類より2個増やして3個になります。なお、哺乳類固有のL字型は直線型に比べて、咀嚼筋の付着面積が広くなります。

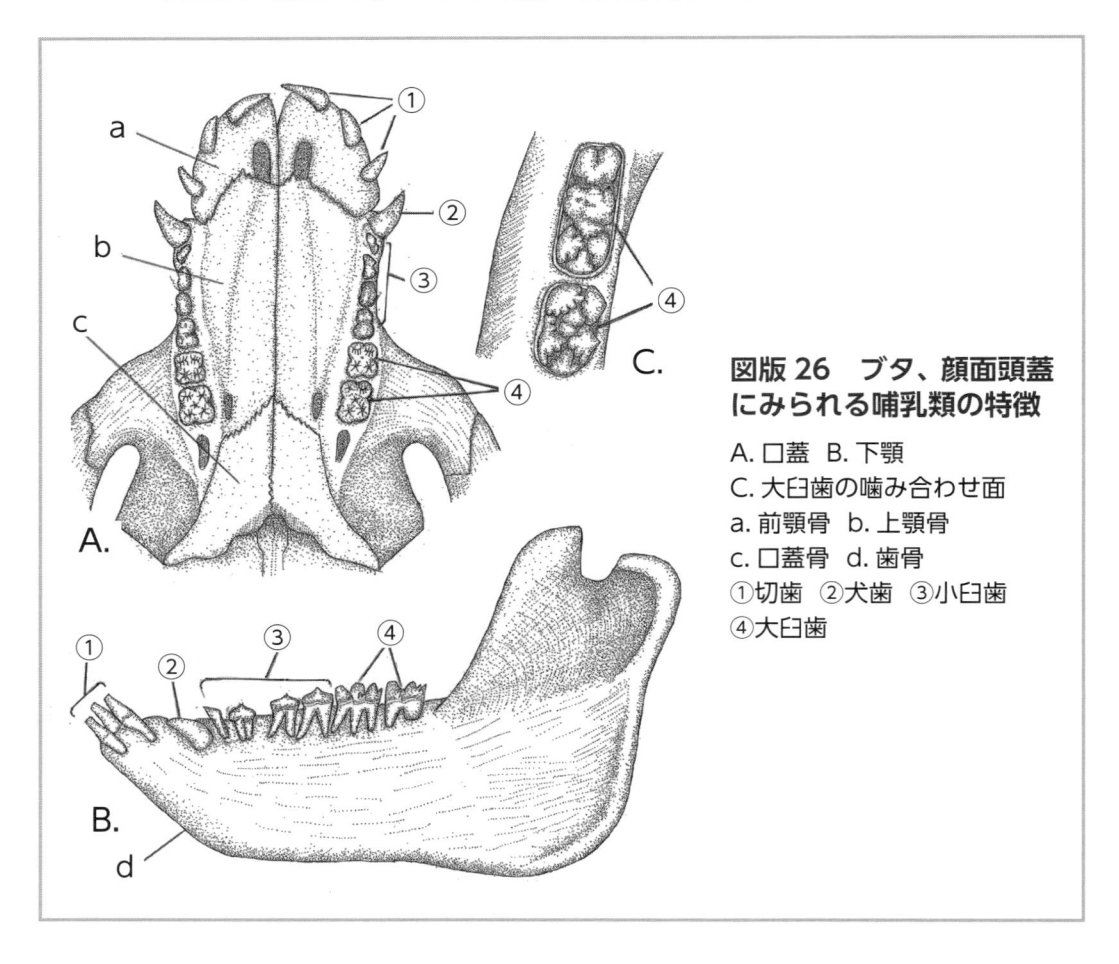

図版26　ブタ、顔面頭蓋にみられる哺乳類の特徴

A. 口蓋　B. 下顎
C. 大臼歯の噛み合わせ面
a. 前顎骨　b. 上顎骨
c. 口蓋骨　d. 歯骨
①切歯　②犬歯　③小臼歯
④大臼歯

2）口蓋（図A）　前顎骨（図中a）、上顎骨（図中b）、及び口蓋骨（図中c）が密着して俎板になり、食物で鼻腔が傷つくことも内鼻孔が塞がれることもなくなりました。

3）歯（図A〜C）　元は同形歯だったものが、切歯（図中①）、犬歯（図中②）、小臼歯（図中③）、及び大臼歯（図中④）からなる哺乳類固有の異形歯に進化します。その内、大臼歯は咀嚼に重要な歯で、咬合面には複雑な凹凸があります。歯の根元（歯根）は歯茎の穴（歯槽）に深く突き刺さるため、強い力を加えても歯はぐらつきません。

トピックス　頭部にもある繁栄の仕組み

　頭部にある哺乳類が他の動物を圧倒する仕組みをまとめました。
　ａ．顎と歯　進化により生まれた「Ｌ字型の下顎骨」「歯根のある異形歯」は哺乳類固有で、咀嚼機能を向上させました。
　ｂ．脳　咀嚼機能の向上に伴い栄養状態が改善され、大脳と小脳が発達しました。その結果、「統一的な集団行動」や「しなやかな動き」が生まれした。
　ｃ．鼻　鼻の仕組みは鳥類とも共通しますが、前方に突き出て動く外鼻は、哺乳類固有です。外鼻は、「発達した鼻腔」「大きな嗅球」と共に匂いを嗅ぎ分けるのに欠かせません。
　ｄ．耳　耳孔、鼓膜、内耳からなるのは鳥類とも共通します。大きく張り出た耳殻（音波を拾う）と３個の耳小骨（鼓膜の振動を増幅する）は哺乳類固有で、小さな物音も聞き洩らしません。

対話 ● 10　最強の恐竜と比べても劣らない小さな哺乳類

私「なぜ、最初の哺乳類は体が小さいのに、恐竜と共存できたと思いますか？まずは、哺乳類を思い描いてください」

高校生「毛皮を身に着けた恒温動物です。胎生で、哺乳します。横隔膜による腹式呼吸をします。耳殻と耳小骨３個を備えた高機能の耳を持ちます。匂いを嗅ぎ分けるのに適う、上顎から突き出る外鼻を持ちます。Ｌ字型の下顎と４種類の異形歯を備えて、咀嚼機能に優れています。集団行動を可能にする大きくて複雑な大脳を持っています」

私「では、思い描いた哺乳類を恐竜時代にあてはめてください」

高校生「優れた咀嚼能力を持つため、草食恐竜が食べることのできない種や硬い葉を好んで食べました。保温性のある厚い毛皮をまとい、気温が下がる夜間でも活発に活動しました。哺乳により母子関係が深まり、母は子を恐竜から守りました。恐竜のかすかな物音にも匂いにも気づいて、集団で攻撃と防御を行いました。恐竜と共存する物語が、できました」

私「小さな哺乳類が、恐竜と共存している様子が目に浮かぶようです」

先祖の姿3　哺乳類になった皆さんの先祖

　日が沈み暗闇が覆い、気温が下がりました。変温動物の恐竜は眠りに陥ります。皆さんの先祖は巣穴から出てきて、鼻をクンクンさせて恐竜の卵を探します。そして、見つけたら鳴き声を上げます。それを聞いた仲間が集まってきて、恐竜の卵に一斉に襲い掛かります。皆さんの先祖は、体は小さくて非力ですが、アブのように敏捷で、集団で行動するため、恐竜にとっては難敵です。

第 7 章

ヒトへの進化
（樹上生活を経てヒトになる皆さんの先祖）

概要 ネズミとの競争を避けた皆さんの先祖は、樹上に生活場所を移しました。そこで、樹上生活に適うように進化して、霊長類になりました。その後、700万年前にゴリラが枝分かれし600万年前にチンパンジーが枝分れし、400万年前には皆さんの先祖は樹から降りて直立2足歩行する最初のヒトになりました。そして、地上で進化して20万年前に現生人類（ホモ・サピエンス）になりました。

本章では、まず皆さんの先祖が樹上生活で身に着けた霊長類の特徴をまとめます。次に、樹から降りた最初のヒトから現生人類までの道筋を物語にします。最後に、骨格模型を観察して、ヒトの進化を証します。

1節

樹上生活に適応する皆さんの先祖

（1）手と足（図E、F） 拇指が他指と向き合う（拇指対向性）が備わり、枝などを掴めるようになりました。さらに、鉤爪から平爪に進化して指の平を安定させて、細かい作業も可能になりました（図版32図E図Fも参照）。

（2）上腕（図C） 回転できるようになり、背筋を伸ばして移動する綱渡りができました。

（3）顔（図A図B） 体毛が消失して顔色が分かるとともに、表情筋が多数備わることで、表情が豊かになりました。

（4）眼球（図A図B） 眼球が正面に並ぶようになり、両眼視が可能になりました。瞳孔は白目に囲まれてくっきりしたものになり、仲間どうしで互いの視線を合わす（アイコンタクト）ができるようになりました。眼窩が半球形の凹になり眼球がピタッと嵌るため、運動しても視野がブレなくなりました（図版31も参照）。

（5）網膜（図D） 錐体細胞が集中する黄斑（図中e）が形成され、視野の中心が鮮明になりました。また、最初の哺乳類で2種類だった錐体細胞は3種類（青錐体細胞・緑錐体細胞・赤錐体細胞）に増え、従来の2色型色覚から3色型色覚になり、赤と緑の色別が可能になりました。

（6）外鼻（図B）　匂いが残らない樹上では、嗅覚は退化して、それに伴い突き出ていた外鼻は平たくなりました。

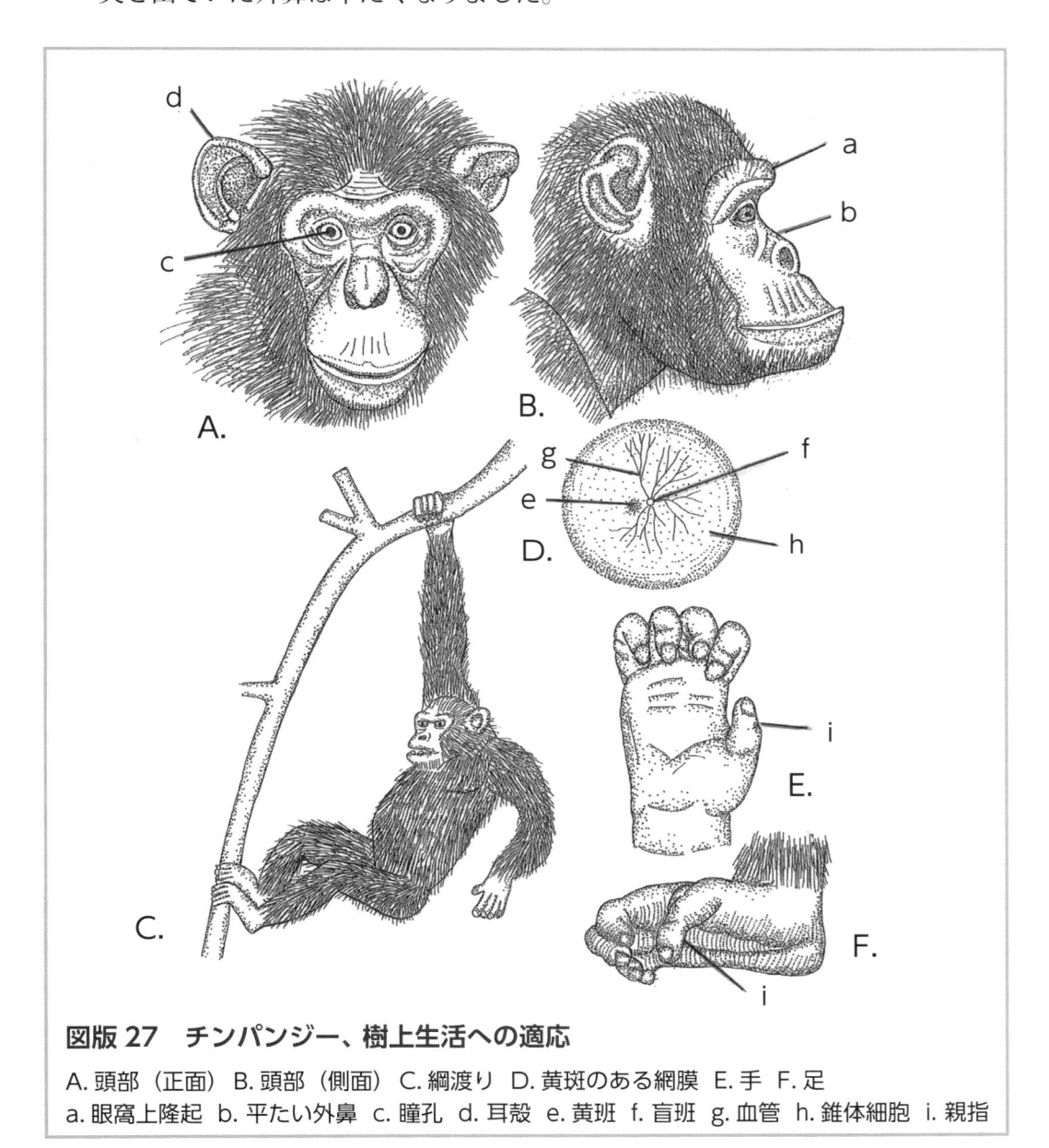

図版 27　チンパンジー、樹上生活への適応

A. 頭部（正面）　B. 頭部（側面）　C. 綱渡り　D. 黄斑のある網膜　E. 手　F. 足
a. 眼窩上隆起　b. 平たい外鼻　c. 瞳孔　d. 耳殻　e. 黄斑　f. 盲斑　g. 血管　h. 錐体細胞　i. 親指

対話 ● 11　霊長類固有の３色型色覚と黄斑

高校生「なぜ、赤と緑の色別が霊長類に必要だったのですか」

私「霊長類は、果実を好んで食べます。果実の食べ頃は、何で判断しますか」

高校生「色です。緑から赤になったら、熟れて食べごろと考えます」

私「他にも、赤と緑の区別ができると、葉の中から果実を探すこともできます。ところで、霊長類の顔の特徴は何でしたか」

高校生「毛が無く、肌が露出していることです」

私「顔色からは、どんな情報が得られますか?」

高校生「赤っぽくなっていたらリラックス、青白くなっていたら不安のサインです」

私「3色型色覚は、食物の確保と同様に仲間とのコミュニケーションにも欠かせないものです。霊長類の網膜のさらなる特徴は何ですか?」

高校生「網膜の中心部に錐体細胞(視細胞)が集中する黄斑が形成され、視野の中心が、鮮明になることです(図版27 図中e)。

私「黄斑の形成されない霊長類以外の哺乳類(イヌなど)は、どんなことが起きますか」

高校生「視野が、ぼやけます。それを補って生活するために、発達した嗅覚や聴覚が必要になります」

私「3色型色覚と黄斑は、皆さんや私にも引き継がれて、私たちヒトの視覚中心の文化を支えています」

2節

現生人類への道筋

　皆さんの先祖は、樹上生活で得た形質を引き継いだまま、樹木から降りて直立2足歩行する最初のヒトになりました。その時の、脳の大きさはチンパンジーと同じぐらい、身長は 120cm 前後といわれています。化石になった頭骨には、ヒョウの牙によって開けられた穴がありました。皆さんの先祖は、地上の肉食動物にとってまさに餌でした。しかし、自由になった上肢(手)を使って、食物を集めては仲間のもとに運び、分かち合うことで生き残りました。その後、皆さんの先祖は、手で石器をつくり、火を利用するようになりました。栄養状態も改善され脳は大きく身長は高くなりました。さらに、調理して食物を柔らかくして食べるようになり「眼窩上隆起が消失する」「顎や歯が小さくなる」など顔つきもサルからヒトに変わりました。また、体毛が薄くなり汗腺の数も増えました。そしてついに、皆さんの先

祖は、20万年前に皆さんの所属する種である現生人類であるホモ・サピエンスに辿り着きました。ホモ・サピエンスは、土踏まずのある長くなった下肢でどこまでも歩いて砂漠や極寒の地まで広がっていきました。いつの間にか発声だけでなく、発話を始めました。その間、新しい種の誕生には至らないまでも、進化は続きます。かつては皆さんの先祖とは別系統の色々な化石人類がいましたが、皆さんとはつながりません（図版28）。

図版 28　進化するヒトのイメージ
A. 最初のヒト　B. 背が伸びる　C. さらに背が伸び、毛が薄くなる
D. さらに重ねて背が伸び、毛が薄くなり、眼窩上隆起が目立たなくなる

トピックス　**直立2足歩行と発話**（図版29 A、B）

　直立2足歩行することで、声帯（図中⑧）を囲む喉頭（図中④）は下降しました。そのため、声帯から唇までの空洞である声道（図中②③④）が広がり、舌（図中⑦）が自在に動くようになりました。その結果、声帯で生じた音声は、自在に動く

舌が声道の形を変えることで、調音されて言葉になりました。発声から発話への移行です。ネアンデルタール人は勇敢な狩人ですが、喉頭の位置がホモ・サピエンスに比べて高い位置に留まったため、舌が自在に動かず、言葉をうまく喋れませんでした。そのため、ホモ・サピエンスとの競争に負けて滅びました。言葉をうまく喋ることは、人類にとって生存を左右することでした。

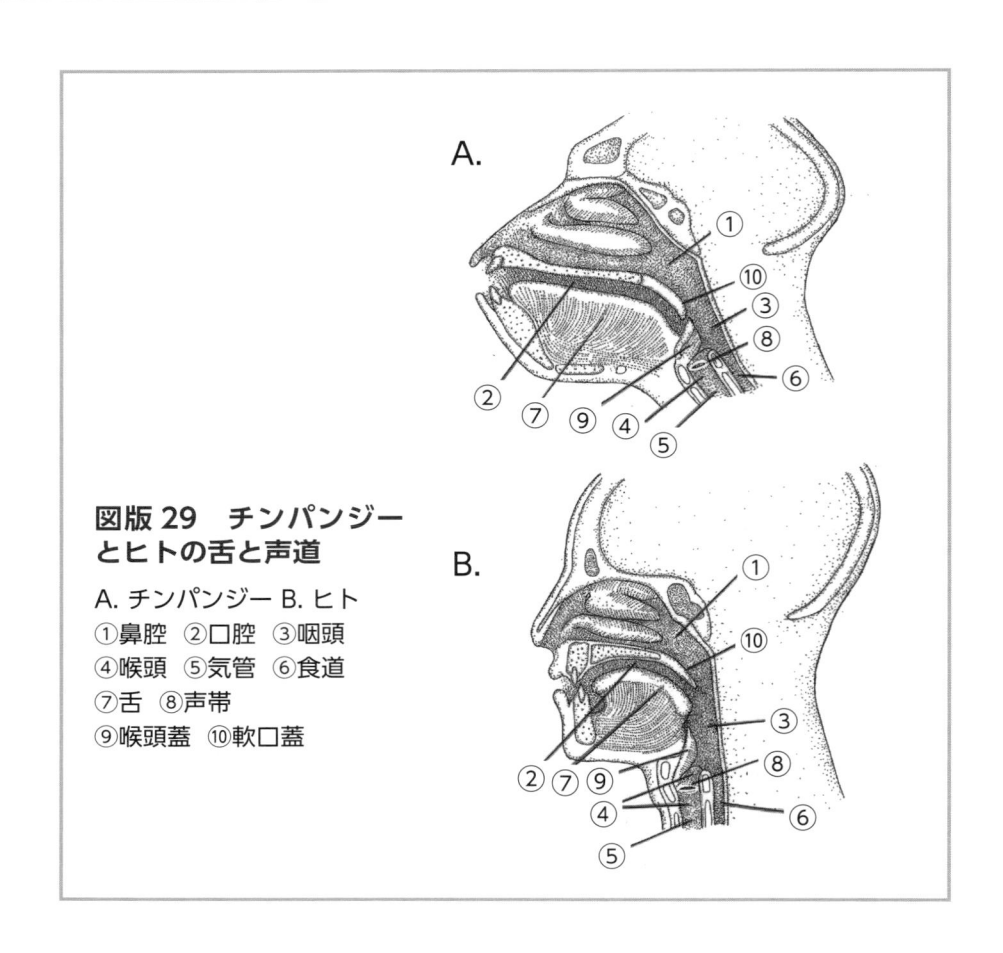

図版29　チンパンジーとヒトの舌と声道

A. チンパンジー B. ヒト
①鼻腔　②口腔　③咽頭
④喉頭　⑤気管　⑥食道
⑦舌　⑧声帯
⑨喉頭蓋　⑩軟口蓋

対話 ● 12　直立２足歩行のもたらした最大の恩恵

私「直立２足歩行の恩恵は何でしょうか」

高校生Ａ「重い脳を脊椎で支えられることです」

私「しかし、最初のヒトの脳は、チンパンジーのものと同じくらいの重さです」

高校生Ｂ「上肢（手）が歩行から解放されて自由になったことです」

私「自由になった手で、最初のヒトは何をしたと思いますか」

高校生Ａ「石や棒を掴んで、肉食動物に立ち向かいました」

私「違います。彼らは、手を使って仲間に食物を運んだと考えられています。自由になった手の他に、もう一つ重要な恩恵があります。何だと、思いますか」

高校生Ｂ「それは、喉頭の下降により声道が広くなることで、舌を自由に動かして言葉を喋るようになることです」

私「自由になった手は人助けも、人殺しもします。自由になった舌は、人を励ます言葉も、人を絶望させる言葉も発します。進化の最後に獲得した自由になった手と舌の扱いには用心しましょう」

先祖の姿４　ヒトになった皆さんの先祖

　最初のヒトは、速く走れず、その上、「鋭い牙と爪」も「厚い毛皮」も「強力な腕力」もありません。どの動物から見ても見劣りする動物でした。あるのは、歩行から解放されて「物を運ぶことができる手」と「生死を共にする家族や仲間への優しさ」です。弱いがゆえに用心深く、弱いがゆえに一人で生きて行けずに家族や仲間を大切にしました。動物も生活を共にする家族や仲間を守るために、時として自分の命を犠牲にすることがありますが、ヒトは、自分と関わりのない遠く離れたヒトに対しても献身的な行動をすることがあります。「自分のＤＮＡを地上に残すとことが行動の目的」という考えだけでは、ヒトの行動は説明できません。ヒトとは何者ですか。

3節
骨格模型の観察

　中高生の君にも馴染み深い「ヒトの骨格模型」で、サルからヒトへの進化を証しします。「直立２足歩行」「食生活」「樹上生活」「呼吸運動」をキーワードに、骨格の進化を構成パーツごとに観察しました（図版30）。なお、陸上脊椎動物の骨格は、頭骨、脊柱、上肢骨、下肢骨、胸郭、骨盤の６つのパーツから成っています。

（1）直立２足歩行と頭骨・脊柱・下肢骨・骨盤

　ａ．頭骨（図版31 B）　前頭骨（図中②）と頭頂骨（図中③）の拡張に伴い後頭骨（図中④）が底面に追いやられ、脊椎（図中⑧）と接着する大後頭孔<ruby>大後頭孔<rt>だいこうとうこう</rt></ruby>が、頭骨の真下に位置するようになります。その結果、頭部の重心を脊椎で支えることが可能になり、首に筋肉がなくても顔は正面を向きます。

　ｂ．脊椎（図版33 A、B）　地面に対して垂直に立ち、ヒト固有のＳ字型になります。Ｓ字型になることで、歩行時のバランスがとりやすくなり、ジャンプ時には衝撃を和らげるクッションにもなります。頸椎<rt>けいつい</rt>（図中①）、胸椎（図中②）、腰椎（図中③）、仙椎<rt>せんつい</rt>（図中④）、及び尾椎（図中⑤）に大別でき、圧がかかる腰椎は、極太になっています。

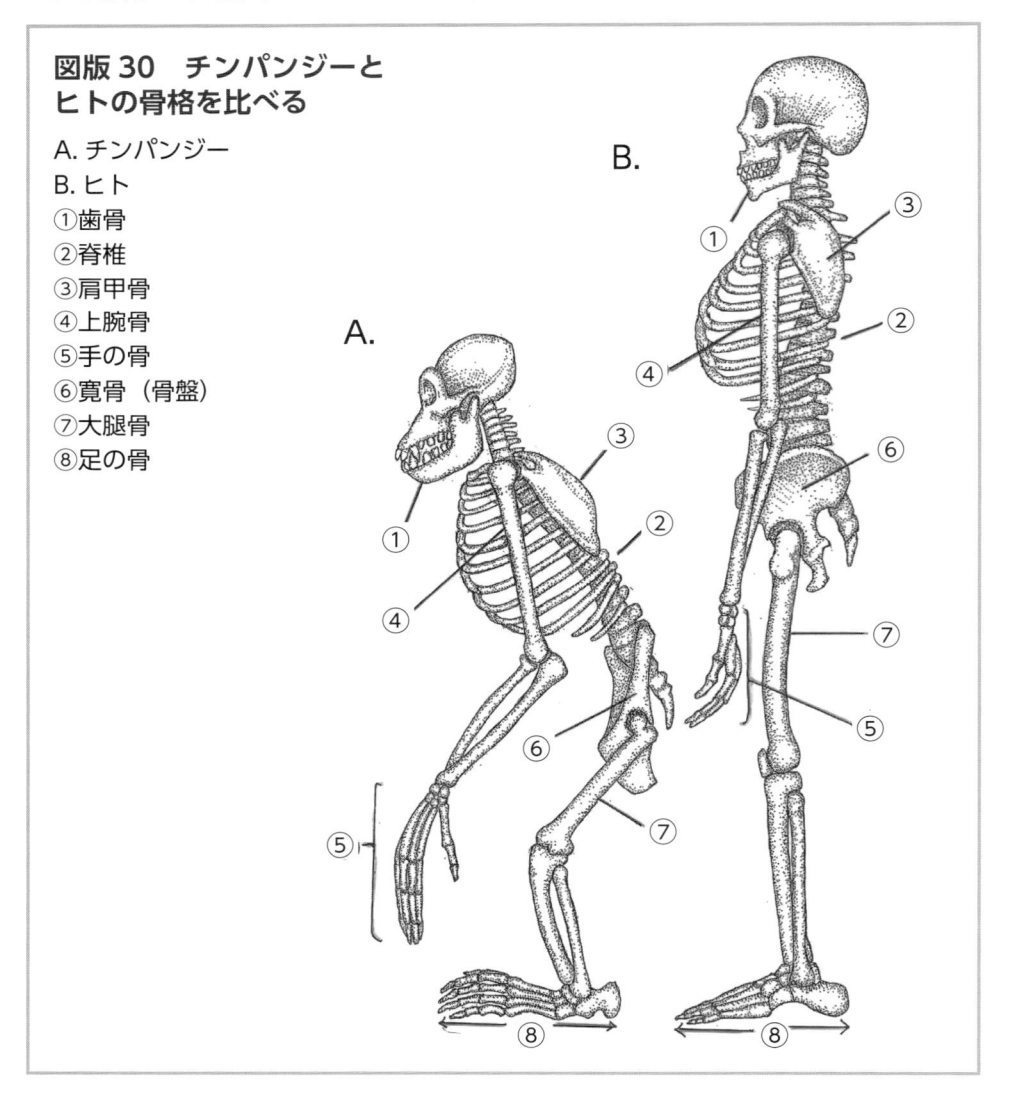

図版30　チンパンジーとヒトの骨格を比べる

A. チンパンジー
B. ヒト
①歯骨
②脊椎
③肩甲骨
④上腕骨
⑤手の骨
⑥寛骨（骨盤）
⑦大腿骨
⑧足の骨

ｃ．下肢骨（図版 30、35）　寛骨（図版 30 図中⑥）よりなる下肢帯、大腿骨、脛骨と腓骨よりなる下腿骨、及び足の骨より構成されます。足の骨は、足根骨、中足骨、指骨から構成されます。大腿骨や足の骨には、次に記す特徴を持つようになります。1）下肢骨は、上肢骨よりも長くなります。2）大腿骨（図版 30 図中⑦）は体全体の重心を支える位置に付くようになります。そのため、着地した足を軸にして踏み出しが可能になります。3）足（図版 35 上図）では拇指対向性が消失して、物が掴めなくなります。4）中足骨と足根骨により、土踏まず（図版 35 図中⑩）が形成されます。そのため、着地時の衝撃が緩和され長時間の2足歩行が可能になります。

ｄ．骨盤（図版 36）　第5腹椎（図中②）・仙椎（図中③）・尾椎（図中④）・寛骨（図中①）より構成されます。寛骨は、腸骨・恥骨・座骨が癒合した骨です。ヒト固有の「幅広のすり鉢状」の形になります。幅広は臀筋（大腿骨の運動を支える）の付着場所を広くし、すり鉢状は直立時に内臓を受け止めることを可能にします。骨盤の形状は男女により異なります。

（2）食生活と頭骨・歯

ａ．頭骨（図版 31）　硬いものを噛んだ時、衝撃を和らげる眼窩 上 隆 起（図

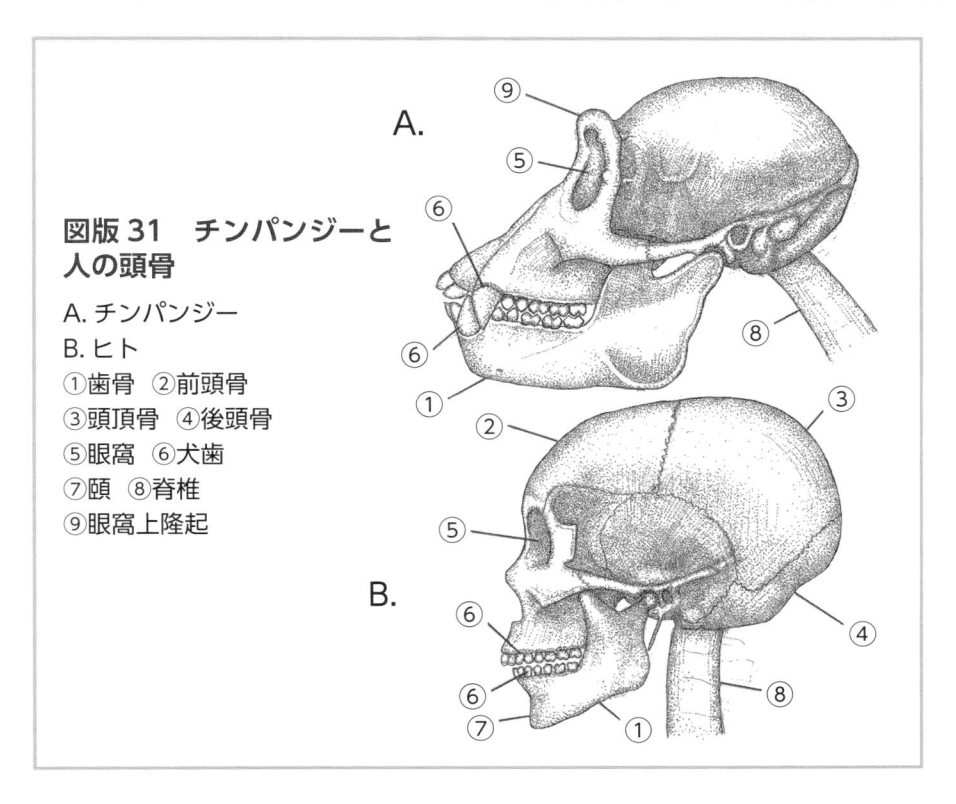

図版 31　チンパンジーと人の頭骨

A. チンパンジー
B. ヒト
①歯骨　②前頭骨
③頭頂骨　④後頭骨
⑤眼窩　⑥犬歯
⑦頤　⑧脊椎
⑨眼窩上隆起

中⑨）が消失します。類人猿に比べて顎が小さくなり、下顎では歯槽部（<ruby>歯槽部<rt>しそうぶ</rt></ruby>）の後退によるヒト固有の頤（<ruby>頤<rt>おとがい</rt></ruby>）（図中⑦）が生まれます。

　ｂ．歯（図版 32 図A図B）　上顎（下顎）では、切歯 4 本、犬歯 2 本、小臼歯 4 本、大臼歯 6 本あるのは、類人猿とも共通します。ただし、類人猿に比べて歯は小さくなり、犬歯は退化して切歯と同じ大きさになります。そのため、歯列が類人猿ではU字状であるのに対してヒトでは放物線状になります。

（3）樹上生活と上肢骨（図版 34、図版 32 図C図D）

　上肢骨は、上肢帯（鎖骨と肩甲骨）、上腕骨、前腕骨（脛骨と尺骨）、及び手の骨より構成されます。手の骨は、手根骨と中手骨、及び指骨よりなります。長い鎖骨と縦長の肩甲骨により肩の位置が真横になり、上腕の可動範囲が広くなっています。<ruby>拇指対向性<rt>ぼしたいこうせい</rt></ruby>のある手は、物を<ruby>掴<rt>つか</rt></ruby>めます。以上は、類人猿とも共通しますが、大きな<ruby>拇指<rt>ぼし</rt></ruby>（親指）はヒト固有です（図版 32 図中⑤）。拇指骨は各面に筋肉を付けて細やかに動くため、ヒトの手先は器用になります。また、歩行に使わない上肢骨は、下肢骨に比べて短くなります。

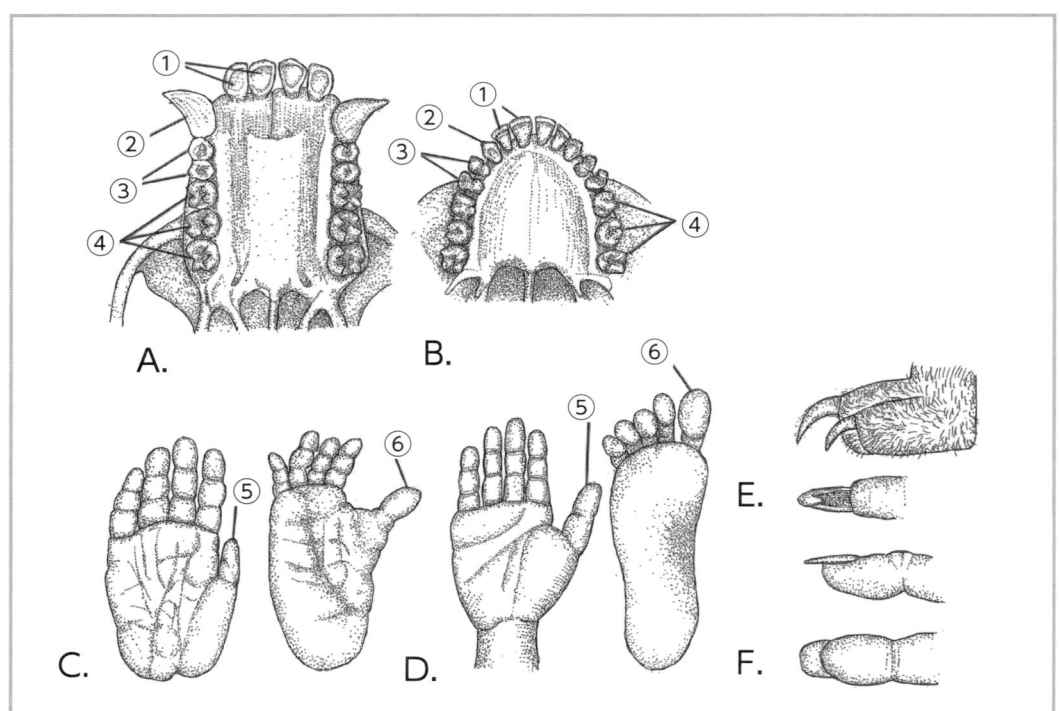

図版 32　ヒトの歯、手足、爪を類人猿やネコのものと比べる

A. チンパンジーの上顎　B. ヒトの上顎　C. ゴリラの手足　D. ヒトの手足　E. ネコのかぎ爪
F. ヒトの平爪　　①切歯　②犬歯　③小臼歯　④大臼歯　⑤手の拇指　⑥足の拇指

（4）　呼吸運動と胸郭（図版 33 図 B，図版 34 図 A 図 C）

　胸椎、肋骨、胸骨によって肺や心臓を収納する胸郭を形成するのは、鳥類とも共通します。ただし、腰椎の肋骨の消失により短縮された胸郭は哺乳類固有で、肋骨に付く横隔膜よる腹式呼吸（肺の換気）の効率を上げます。

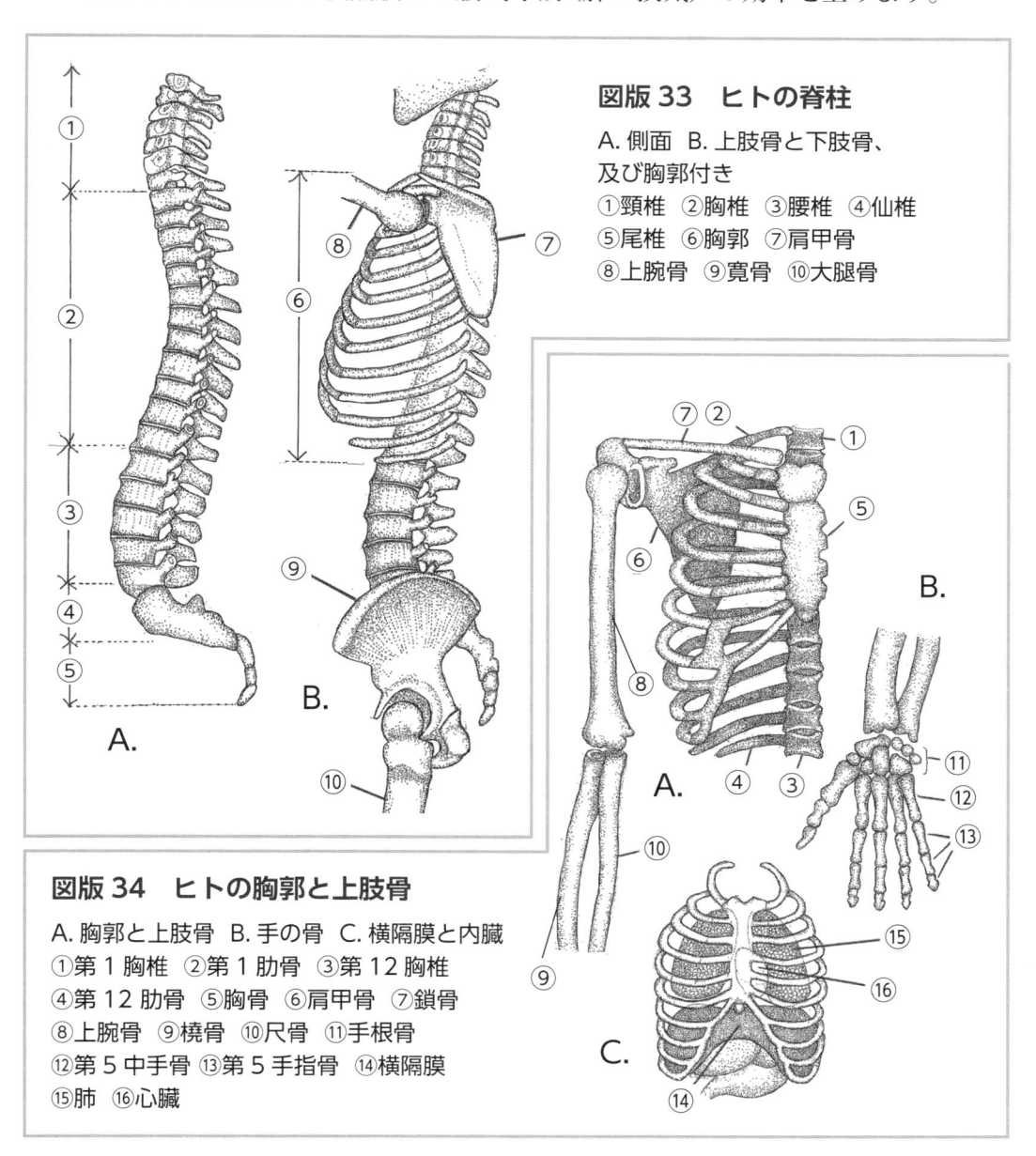

図版 33　ヒトの脊柱

A. 側面　B. 上肢骨と下肢骨、及び胸郭付き
①頸椎　②胸椎　③腰椎　④仙椎
⑤尾椎　⑥胸郭　⑦肩甲骨
⑧上腕骨　⑨寛骨　⑩大腿骨

図版 34　ヒトの胸郭と上肢骨

A. 胸郭と上肢骨　B. 手の骨　C. 横隔膜と内臓
①第 1 胸椎　②第 1 肋骨　③第 12 胸椎
④第 12 肋骨　⑤胸骨　⑥肩甲骨　⑦鎖骨
⑧上腕骨　⑨橈骨　⑩尺骨　⑪手根骨
⑫第 5 中手骨　⑬第 5 手指骨　⑭横隔膜
⑮肺　⑯心臓

対話 ● 13　進化は偶然によるものか

私「もし、ヒトの大後頭孔が、類人猿のように斜め下にあったらどうですか」

高校生「直立した時、顔が斜め上に向いてしまいます」

私「もし、脊椎が、類人猿のように直線形に近いならどうですか」

高校生「ジャンプしたとき、衝撃をクッションになって和らげることができません」

私「もし、ヒトの骨盤が、類人猿のように縦長だったらどうですか」

高校生「直立した時、内臓を支えることができません。さらに、大腿骨を持ち上げたり、支えたりするのに十分な臀筋が付着できません」

私「もし、類人猿のように足に土踏まずが形成されなかったらどうですか」

高校生「すぐに疲れるため、長い距離を歩くことができません」

私「大後頭孔が頭骨の真下に移る・骨盤がすり鉢状になる・脊椎がS字型になる・足の骨が土踏まずをつくるが、全て揃わないと、直立2足歩行は有効にはなりません。そのことから、各骨が偶然に方向性なしに進化して、それらが合わさった骨格が、たまたま直立2足歩行に適うとは考えにくいです」

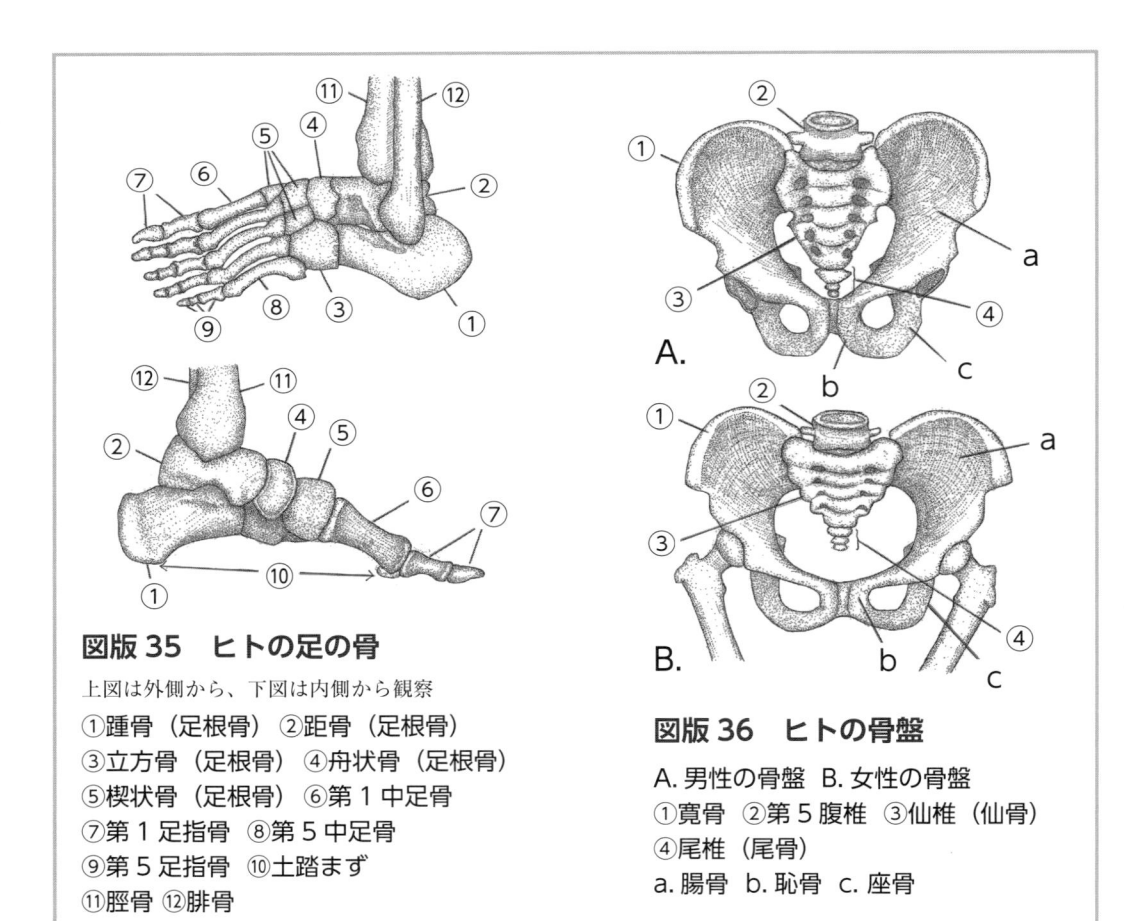

図版35　ヒトの足の骨

上図は外側から、下図は内側から観察
①踵骨（足根骨）②距骨（足根骨）
③立方骨（足根骨）④舟状骨（足根骨）
⑤楔状骨（足根骨）⑥第1中足骨
⑦第1足指骨　⑧第5中足骨
⑨第5足指骨　⑩土踏まず
⑪脛骨　⑫腓骨

図版36　ヒトの骨盤

A. 男性の骨盤　B. 女性の骨盤
①寛骨　②第5腹椎　③仙椎（仙骨）
④尾椎（尾骨）
a. 腸骨　b. 恥骨　c. 座骨

第 8 章

「なぜ、皆さんは貴重なものなのか」

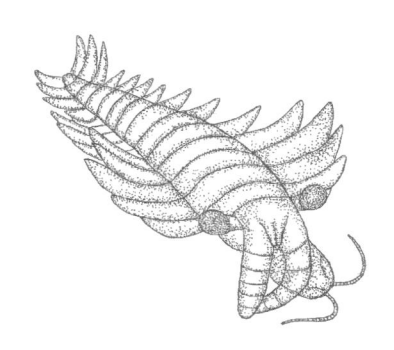

第1から第7章をまとめると次の通りです。皆さんの体の材料である炭素元素や酸素元素は、137億年前に誕生した宇宙の星の中でできました。46億年前に誕生した地球で、これらの元素からＤＮＡやタンパク質など皆さんをつくる有機物ができました。そして、40億年前の原始の海で、有機物から皆さんの先祖が誕生しました。ここから、皆さんにつながる命の流れが始まります。並行して、命の入れ物である体（器官）の進化もスタートしました。皆さんに至る進化の概要は、次の通りです。

　〈step 1〉皆さんの先祖は、原核生物から核、ミトコンドリア、繊毛を備えた単細胞の動物に進化しました。

　〈step 2〉海中で、皆さんの先祖は単細胞動物から多細胞動物に進化しました。

　〈step 3〉多細胞動物の皆さんの先祖は、脊椎と眼球を生み出して脊椎動物に進化しました。

　〈step 4〉淡水域で顎を備えた皆さんの先祖は、肢（足）のような肉鰭と肺を生み出して陸に上がりました。

　〈step 5〉皆さんの先祖は、横隔膜による腹式呼吸（肺の換気）を生み出して、低酸素濃度の時代を生き抜きました。

　〈step 6〉皆さんの先祖は、胎生で哺乳する哺乳類に進化しました。顔面頭蓋も進化して、「Ｌ字型の下顎骨」と「3個の耳小骨」を生み出しました。

　〈step 7〉樹上に移動した皆さんの先祖は、「黄斑のある網膜」と「拇指対向性の手」を生み出して霊長類に進化しました。

　〈step 8〉脊椎、骨盤、下肢骨が進化して、皆さんの先祖は直立2足歩行するヒトになりました。さらに、直立することで喉頭が下降して声道が広がり、自在に形を変える舌を生み出して発話するようになりました。

　以上のように、皆さんの体や器官は、最初の生物から40億年かけて、進化を積み重ねて漸くできた進化の産物です。短時間に一気にできたものでも、皆さんの両親や先祖の思いや願いによってできたものでもありません。また、皆さんの命は最初の生物に宿った命です。ですから、皆さんの本当の年齢は40億年と皆さんの生きた年を加算したものです。ですから、体も命も貴いのです。皆さんの存在そのものが、かけがえのないものです。ただし、進化は今もこれからも続くため、皆さん

は進化の通過点であり、やがては消える声のような存在であることも認識してください。ですから、他者からの評価に思い煩うことなく、自意識過剰にもならずに、進化の大きな流れに身を任せ、今を落ち着いて生きて命のバトンを次に繋いでいただきたいと願います。自分の命よりも大切なものがあることに気づくと、今を生きることが楽になります。

対話 ● 14　弱い動物と強い動物

私「逃げてばかりの皆さんの先祖は、弱い動物ですか、それとも強い動物ですか?」

高校生「もちろん、素手で戦ったら負ける弱い動物です」

私「今地球上にいる強い動物を挙げてみてください」

高校生「ゾウ、サイ、トラ、ゴリラ、・・・・・です」

私「これらの動物は、今どんな状況ですか」

高校生「絶滅の危機に瀕しています」

私「それはなぜですか」

高校生「ハンターなどの強敵に出会っても逃げないからです」

私「敵わない相手から逃げるということ、負けそうな相手との競争を避けるということは、生き残るための大切な戦略です。逃げてばかりの、皆さんの先祖は、自分の弱さを認識している点で強い動物です。だから、先祖は生き残り、ここに皆さんがいるのです。今の人間は強い動物だと思いますか?」

高校生「天敵のウィルスを制御して平均寿命を伸ばし、宇宙や深海にまで進出する人類は、史上最強の動物に近づいていると思います」

私「僕はそう思いません。今のヒトは、自己の弱さや限界を認識できなくなった動物で、ある意味では、先祖よりも弱い動物になったと考えます。それが証拠に、地球温暖化などに対処できずにいます」

おわりに

　40億年かけてできた進化の産物である皆さんは、貴重でかけがえのないものです。ただし、皆さんはもちろん、人類も地球もやがては消える「砂の器」のようなものであることも心に刻んでください。なお、教科書に記載されているように『方向性のない突然変異[注]が、自然環境により選別されて進化は起こる』と考えるのは、対話8や対話13でも述べたように、[肺呼吸への進化]や[直立2足歩行への進化]など複数の器官にまたがる大きな進化を説明するには無理があると考えています。本著では「皆さんの存在の貴重さ」の他に「硬骨魚類は、どんな動物」「鳥類は、どんな動物」「哺乳類は、どんな動物」「霊長類は、どんな哺乳類」「ヒトとは何者」、及び「生きることの意味」を、進化の視点で分かりやすく解説しています。その拠り所として、動物の体や器官を観察しています。本物は、書籍よりも時には多くのことを教えてくれます。教科書や参考書とは異なる切口の本著で、「観察すること」や「なぜ、もしと問うこと」「答えること」「思索すること」の面白さを知ってもらえればうれしいです。なお、本著では、高校の教科書には記載されていない、嗅球、歯骨、口蓋骨、外鼻などの専門用語が多少混ざっています。形態と位置は、図版を参考に、働きは前後の文から読み取ってください。

　　注　ＤＮＡの塩基配列などに永続的な変化が生じ、それにより形質が変わる現象。

〈参考文献〉

『NHK スペシャル地球大進化 46 億年人類への旅』(NHK「地球大進化」プロジェクト編、
　日本放送出版協会)

坪井実『人体の生理学』昭和 58 年　廣川書店

本川達夫・谷本英一編『生物』平成 24 年　啓林館

渡辺採朗『細密画でたどる生物進化の足跡　2023』本の泉社

渡辺採朗『体（からだ）を観察する「動物の解剖（観察）マニュアルと図譜」』2019
　本の泉社

寄稿論文

「君が学ぶ理由を考えてみませんか？」

西垣　亮

はじめに

　私と渡辺先生との出会いは、私が高校生の時までさかのぼります。渡辺先生は私の高校３年間の担任であるとともに、部活動の顧問で、生物の担当教師でもありました。先生は動物の採集・飼育や野外の自然観察が好きで、よく僕たちを学校の近くの川や水田に連れ出してくれました。中学生を対象にした一日体験授業では、私に白衣を与え、「西垣君、僕に代わって説明をやってみてくれ」といい、私に代りをやらせました。その後、「僕より、ずっと教師らしかったよ」と笑っていられました。その時は進路選択について漠然と考えていましたが、教職を志してみたいと考えるきっかけになりました。高校卒業後は大学へ進学し、教職課程を履修し、現在は公立中学校の理科教員として過ごしています。

　夏休み中に、渡辺先生から呼ばれ、「僕は日頃から自己否定的な高校生を見ていて、中高生にエールを送るような物を書きたい。西垣君には、校正と学校の授業について加筆してほしい」と依頼されて以下の文を書きました。教師として未熟な部分もありますが、皆さんに読んでいただければ幸いです。

　「なぜ、学校の授業は大切なのか」このテーマを２つに分けて論じました。１つは、学校の授業の目的について。２つめは、その目的のためにどんなことに心がけているについてです。１つ目のテーマから論じます。

　学校の授業の目的：君は「学校の授業は楽しいですか？」と聞かれたら、なんて答えますか。「授業が楽しい」と答えられる人はあまりいないでしょう。そもそも、学校自体が楽しいと感じている人は少ないと思います。君から見ると周囲のみんなは学校生活を楽しんでいるように見えているかもしれません。でも、みんな不安や緊張の中で教室にいます。「周りからどう見られているかな」「友だちは何を考えているのかな」「この会話に入らないと仲間外れになるかも」なんて思いながら。自分以外の誰かがいる空間は緊張の連続です。だからこそ、ひとりでできるゲームや、相手の顔が見えないＳＮＳの方が楽しい時間を過ごせるでしょう。楽しい時間を過ごすためのツールは他にもたくさんあるはずです。そんな緊張の連続で、もっと楽

しいことがあるのに、周囲の大人も、君自身も学校の対面授業の重要性・必要性を感じています。インターネットで知りたいことを誰でも・自由に調べることができるにも関わらず、学びにおける「学校」や「教師」の役割は大きいと考えます。それでは対面授業の重要性・必要性とは何でしょう。試験で良い点数をとるため。めざす高校や大学へ進学するため。知的好奇心を満たすため。友だちと楽しくしゃべるため。単純にその教科が好きだから。理由は人によっていろいろ。そもそも、「学校」の目的は何なのでしょうか。ある年齢になった君たちに教育を行うこと。その教育の目的は何なのでしょうか。

　学校教育の目的は君たちの幸せな未来の実現です。その未来の実現のために、学校では学習指導、生活指導、特別活動などが行われています。つまり、授業は君にとって幸せな未来をつくるために必要な力を育成するためのものなのです。それでは、最初の質問です。「学校の授業、楽しいですか？」。楽しくない時間を積み重ねて、幸せな未来はつくれるのでしょうか。一方、楽しいことばかりしている授業が良いわけではありません。「楽しい」「楽な」授業も評判が良いのは最初だけ。続けていると「中身のない授業だ」「この時間、意味あるの？」と君たちは感じてきます。僕たち教師は君たちに適度な負荷をかけながら、楽しい授業を成立させることが求められるのです。

　以上の目的に向かって、僕が日頃から授業の中で大切にしていることについて書いていきます。

1：授業中、君は不安の中にいる

　新しい土地に引っ越したり、初対面の人に会ったりする時、誰でも不安な気持ちになります。新しいこととの出会いには、必ず不安があります。そのように考えると、「学ぶ」ことは常に自分が知らないことの出会いであり、不安の連続です。自分の発言が合っているのか、周りはどう思うのか、気になりますよね。友だち同士では話ができるのに、授業の中では発言ができない。自分の話すことに自信がない、あるいは、先生や同級生の中でもっと詳しい人がいると自分の発言の意味を考えてしまいます。

　一方、君が社会へ出る時は自分の考えを積極的にアピールすることが求められます。僕の場合は中学生の学習指導については自信を持って取り組んでいるという自負があります。そこを誰かに否定されたとしても、それは僕自身が関わっている君

たちにとって、現段階では最善の方法であると、強く信じているからです。改善するところがたくさんあることは感じていますが、だからと言って自分の取り組みが間違っているとは思っていません。大人は仕事やプライベート、様々な場面において自分の考えを自由に表現することができます。しかも、自分が表現したことに対して全否定されることはほとんどありません。必ず認めてくれる人がいるはずです。だから、大人は自分の考えを積極的に言えるようになってきます。自分の発言に対して安心感があるからです。「勉強が難しいからつまらない」と考える人もいますが、それならばゲームで強い敵が出てきて、なかなかクリアできないことはつまらないはずです。しかし、ゲームはどんなに時間がかかっても、粘り強くそれを進めていくことができます。ゲームを進めることに対して不安がないからです。クリアできなかったとしても、誰からも責められないからです。

それを理解した上で、僕は授業がつまらなくなる原因を常に考えています。そこを探っていけば、授業を楽しくするための工夫がわかるようになってくるのではないかと考えています。

2：「分かること」第一主義

僕自身は中学校で理科を担当しています。理科の学習に限らず、授業の中で「分かる」ということが、学ぶことの喜びにつながっていきます。そのため、分かるという実感が持てる場面をできるだけ多く設定しています。感動を生み出すための方法として、大切にしていることを3つ紹介します。

1つ目は、授業の最初に知識を揃えることです。前回の授業でどこまで扱ったのか、押さえるべきポイントについて授業の最初に振り返りを行います。君たちが同じスタートラインに立った上で授業をスタートしています。授業の終わりに理解度で個人差はあったとしても、家庭での復習等を通して、また次の授業の時には同じスタートラインにできるだけ立って、授業が始められるようにすることを大切にしています。

2つ目は、発問（みんなへの問いかけ）を多く行うことです。話を一方的に聞くという状況は、とても自分の興味があるものに限られます。例えば、自分でお金を払って講演会やセミナーに参加した場合は話しを聞き続けることができます。しかし、学校の授業というものは、みんなが興味を持ち、自ら進んでその教室に来ているわけではありません。勉強しなければいけないから学校に通い、授業に出なけれ

ばいけないからその教室にいるという人が大半でしょう。理科が苦手、好きではないという人も当然います。そのため、授業の中ではたくさんの発問を行うように心がけています。「なぜ、そう思いますか」「君ならこんな時、どうしますか」「ＡとＢならどちらが良いと思いますか」など、小さな発問をたくさん行っています。以前、授業を受けながら、問いかけの回数を数えた人がいます。その人によると、50分の授業の中で30回の問いを行っていたそうです。訊かれるということは、それだけ答える必要が出てきます。「訊かれたら答える」ということは、会話の基本です。それを授業に取り入れることで、一方的に聞く、受動的な取り組みから少しでも能動的に取り組む姿勢につなげていきたいと考えています。

　3つ目は、学習の目標を提示することです。物事に取り組むとき、「ゴールは何か」ということを考えます。これは大人も子どもも変わりません。50分の授業の後に、何を理解していれば良いのか、できるようになることは何か、そのゴールを事前に提示することで、今の学びを逆算して考えることができます。ただ漠然と授業を進めている何となく時間が過ぎてしまいます。これは大人も同じです。計画も見通しもない状態で仕事を進めることはできません。君は授業の中で初めての知識、初めての経験にたくさん触れます。「初めて」という、とても大きな不安を完全に取り除くことは難しいですが、先が見えれば、次に何をすれば良いかを考えることができます。これにより、自分がやるべきことが見えてくると考えます。

3：集団だからこそ、個を大切にする

　学校の授業は集団での学びがメインになっています。1人の先生が多数の生徒を教えるという状況は、現在でも多くの学校で見られています。全ての場面を一対一で関わることは難しいですが、僕が可能な限り取り組んでいることを3つ紹介します。

　1つ目は、ＩＣＴの活用です。現在、学校では1人1台の学習用端末が配られています。この端末を用いて個別の学習課題を提供しています。個別に課題を配信することもできますが、私の場合はレベル別、分野別の演習問題や資料を作成し、必要な人がいつでもアクセスできるようにしています。現在は過去の定期試験の問題と答えまでアクセスできるようにしています。全てをプリントして渡すと、あまりにも枚数が多く、必要ではない人にとってはすぐにゴミになってしまいます。必要な時、欲しい資料が自分で手に入るための支援を心がけています。

　2つ目は、廊下に演習問題のプリントを設置しています。これは1つ目のＩＣ

Ｔの活用とは真逆の発想です。学習用端末でドリル問題を解いた方が良い人もいる一方、紙で課題は解いた方が良いという意見も根強くあります。そこで、廊下に中学校３年間の理科の演習問題をまとめたプリントを持ち帰り自由な状態で設置しています。自分でプリントを選び、復習することができます。このような取り組みも個に応じた指導につながっていると思います。この廊下プリントは私が時間の空いた時に補充する程度で進めています。それでも、休み時間に解いている姿を見かけたり、家で解いて質問に来たりする姿を見ると、教師冥利に尽きる思いがあります。

　３つ目は、学級担任として君たちや保護者の方と共に家庭学習の充実に取り組んでいます。宿題にちゃんと取り組む人の中でも、計画的に家庭学習に取り組む習慣が身についている人は少ない現状があります。周りのみんなも君が思っているほど、コツコツ家で毎日勉強できているわけではないのです。また、保護者の方からも勉強するように子どもには伝えるが、親子喧嘩のようになってしまい、家庭学習を進めることが難しい現状があるという話を聞くことがあります。私は担任するクラスの子に家庭学習ノートというものを勧めています。毎日、自分の家で学習したことを何でも構わないのでノート１ページにまとめて提出するように求めています。最初は戸惑いながら取り組みますが、この活動を続けていくことで、家で机に向かう習慣が身についてきます。私は理科の担当ですが、英語の単語練習でも、数学の計算でも内容に構わずコメントを入れて返却しています。家庭学習に取り組む中で、自分に合った勉強の仕方が分かるようになってきます。練習問題をたくさん解くことが良いのか、たくさん書くことで覚えられるのか、色々な方法を試していく中で自分に合った方法を見つけることができます。そして、保護者の方にも子どもが勉強をしている姿を見せることが大事だと考えています。中学生になると保護者の言うことを素直に聞くわけではありません。「なんで口を出すのか」という子も多くいます。自分から進んで机に向かえば、保護者がそこに介入して「もっと勉強しろ」ということはありません。君たちの学習をスムーズに進めるためには、褒めることがとても大切です。今の取り組みを、とにかく褒めてあげる、認めてあげることが必要です。そうすれば君たちは自分からさらに進んで机に向かうようになってきます。君が学習すれば、保護者は安心して褒められる。そうすると、安心してさらに学習が進められる。そのきっかけづくりを学級担任としてつくっていきたいと考えています。

４：学ぶ教師、自ら「先生」にならない

　人に教えるという行為は、実は時間が経つと慣れが出てきます。君たちは毎年初めてのことを習いますが、教師としては今までの自分の知識と経験があれば授業を進めていくことができます。しかし、世の中には、新しい指導方法、より使いやすい教材というものが、日々開発されています。これらを常に自身が取り入れ、授業の中で反映させていくことが必要です。私が生徒だった時にも、尊敬する先生は常に板書や手元の授業ノートを工夫したり、新しいことを知っていたりしている人でした。私自身も教師として常に自分の学ぶ姿というものを君たちに見せるようにしています。教師だから何でも知っていると思わず、１人の人間として学ぶ姿勢を見せることで、君たちと共にも学び合うことにつながっていくと考えています。

　ある時、授業時間中に最も学習している人は誰かとクラスに聞きました。学習方法による理解度をまとめた「ラーニング・ピラミッド」というものがあり、この中で、最も効果のある学習方法は「教える」という行為です。つまり、授業の中で教師自身が一番効率よく勉強しているという話をしました。そのため、授業の中では生徒が先生役として調べたことをみんなへ教えるという授業展開もあります。大人が学んでいないのに、子どもだけが学んでいるという状況では、授業の説得力がありません。知識がある大人たちこそ、自らの学びをさらに深めることができるはずです。私自身も常に本を読んだり、研究会に参加したり、同僚の授業を見学したり、最新の科学トピックを調べる工夫をし続けています。また、教師を続けていると周囲から「先生」と呼ばれることがたくさんあります。しばらくすると、「先生はこのように思います」「先生としては」など自分の事を「先生」と呼ぶようになります。しかも、みんな無意識に自分のことを「先生」と呼んでいます。自分が常に学習者としての自覚があれば、自分を「先生」と呼ぶことに違和感があるはずです。「先生」はあくまで敬称です。ある先輩教師から「自分から先生になってはいけない」と教えていただきました。その時点で、その人から学習者の視点が抜け落ち、学びは止まっていると言われ、私自身も感銘を受けました。自分は学習者であるという自覚を持ち続けることが必要だと考えます。ここまで述べたことを全て取り組んだからといって、完璧な授業ができるわけではありません。まだまだ、私自身にも改善が必要であり、学習に課題を抱えている子も多くいます。それでも、授業が少しでも楽しく、わかったという感動を君に感じてほしいと思っています。安心して学習できると思えるような空間にする取り組みが大事だと私は考えています。

《解剖の手引き》

はじめに　家畜の臓器などの細密画（図版）は、食材として購入したものを解剖して描き、脊椎動物の体や器官の進化の説明に使いました。本著は解剖書ではないので、本文には解剖の手順を入れていません。もし、中高生の皆さんがニワトリの心臓などの細密画を見て、解剖してみたいと思ったなら、解剖の手順を載せますので、解剖にチャレンジしてみてください。ただし、材料や解剖器具が手に入らない皆さまは、細密画（図版）を見て脊椎動物の進化を理解してください。

なお、マウスの解剖は、実験動物として購入した「生きたマウス（哺乳類）」を材料にするため、実験動物に関する法律に触れないようにしてください。専門家の指導の元で行うとよいでしょう。

【家畜の頭骨標本】　鳥類や哺乳類の頭骨標本は、中高生の皆さんでも容易に作製できるので、ニワトリとブタのものの作製の手順を解剖の手引きの中に入れました。課題学習やクラブ活動で作製してはいかがでしょうか。家畜の頭骨標本は、ホルムが美しくて壊れにくいため、脊椎動物の進化を学ぶのはもちろん、理科室のオーナメントにもなります。

●食材の解剖　加工されているので、生々しさがなく、その上、触れても安全なので中高生の皆さんでも解剖しやすいです。

2節　アジの解剖（図版9〜11）《脊椎動物の基本的体制》

中高生の皆さんには、アジは解剖済かもしれませんが、進化の目線で解剖しています。1回目は生のまま解剖して外部と内部を、2回目は煮てから肉を取り中軸骨格と中枢神経を観察します。

1. 硬骨魚類の外部と内部（図版9、眼球のみ図版23 A）

解剖の手順　a．生のアジをバットにのせて、体の区分、感覚器、上肢、下肢を陸上脊椎動物のものと比べます（図A）。

b．鼻孔は口腔には繋がらずに近接する前後で繋がっていることを、針金を入れて確認します（図B）。

c．眼球を切り出して輪切りにし、仕組みを調べます（図版23）。

d．下顎を上下して、口を開閉します（図B）。

e．鰓蓋と顎を切り取り、口腔、咽頭、鰓を露出します（図C）。

f．片側の鰓を切り取り、食道入口を露出します（図D）。

g．片側の体壁を取り除き、心臓と内臓を露出します（図D）。

＊鰓を切り取る際、鰓弓で咽頭と鰓腔（さいこう）（鰓を入れる空所）が仕切られるのを確認しました。

2．硬骨魚類の中軸骨格と中枢神経 （図版 10,11）

解剖の手順　a．アジを煮ます。

b．皮膚と筋肉をむしり取り、中軸骨格を露出します（図版 10 図A）。

c．中軸骨格から、上肢帯（じょうしたい）（肩部の骨）、下肢帯（かしたい）（腰部の骨）を取り外します（図版 10 図E図D）。

d．頭骨（とうこつ）から顔面頭蓋（がんめんとうがい）を取り外し、脳頭蓋（のうとうがい）を露出します（図版 10 図B）。

e．脳頭蓋を手で壊して脳を露出します（図版 10 図C）。

f．脊椎（せきつい）を観察します（図版 11 図A）。

g．脊椎を折って脊髄を露出します。その後、椎骨（ついこつ）をばらします。

h．顔面頭蓋をパーツごとに分けます。その後、哺乳類の耳小骨（じしょうこつ）と相同な骨を観察します（図版 11 図B）。

3節　ニワトリの臓器の解剖 （図版 15 〜図版 19）

材料　鶏頭として、毛をむしったものが食肉卸売業者で購入できます。

　鳥類の器官が、硬骨魚類に代表される脊椎動物の器官の原型から、進化して陸上生活や飛行に適うことを、ニワトリの器官を解剖して皆さんに証します。頭部は鶏頭、心臓は「鶏ハツ」、肘から先の上肢は「手羽先」として食肉卸売業者やスーパーマーケットで食材として購入できます。頭部の解剖は、中高生の皆さんには難しいかもしれませんが、心臓と上肢の解剖は中高生の皆さんでも容易です。解剖の手順に従って、解剖してみてはいかがでしょうか。生の鶏頭を使って、脳を観察する場合は、頭骨を切り割るためのニッパーが必要ですが、ペットの餌として市販されている鶏頭水煮を使うと箸でも頭骨が容易に壊せて、脳が観察できます。

1．ニワトリの頭部の解剖 （図版 15 ～図版 17）

材料　鶏頭として、毛をむしったものが食肉卸売業者で購入できます。

解剖の手順　a．目、耳、鼻、口を観察します（図版 15 図 A）。

b．外鼻孔が口腔につながるのを、針金を使って確かめます。

c．皮膚を切り取って、鼻腔、眼球、鼓膜を露出します（図版 15 図 B）。

d．顎を上下に切り分け、口腔と咽頭、及び喉頭を露出します（図版 16 図 A、B）。

e．眼球を切り出し、輪切りにして仕組みを観察します（図版 16 図 C ～ E）。

f．頭部を弱火で煮ます。その後、皮膚と筋肉を切り取り、頭骨を露出します＊ （図版 17 図 A）。

g．露出した頭骨をニッパーで壊して、脳を露出します（図版 17 図 B 図 C）。

　　＊個体数に余裕があるなら、露出した頭骨を壊さずに頭骨標本にするとよいでしょう。作製の要領は、水に 1 週間ぐらい頭骨を浸けて、「内部の脳」や「外に取り残した皮膚」などを腐らせます。次に、腐らせられたものを流水で洗い流します。最後に、天日で干します。漂白されて白くなるとともに、生臭い匂いも消えます。

2．ニワトリの心臓（鶏ハツ）の解剖 （図版 18）

材料　鶏ハツとして、食材として普通にスーパーで売っています。

解剖の手順　a．腹面で、心房と心室から成る左右のポンプ、右心室から伸びる肺動脈、左心室から伸びる大動脈、及び心室の壁を走る冠静脈を観察します（図 A）。

b．右側のポンプの側面をハサミで縦断します。その後、右心室から綿棒を入れて、肺動脈を貫通させます（図 D）。

c．左側のポンプの側面をハサミで縦断します。その後、左心室から綿棒を入れて、大動脈を貫通させます（図 E）。

d．心房をハサミで輪切りにします（図 B）。

e．心室をハサミで輪切りにします（図 C）。

3．ニワトリの肘から先の上肢（手羽先）の解剖 （図版 19）

材料　羽毛をむしりとったものが、手羽先としてとてスーパーで購入できます。

解剖の手順　a．腹面より外部を観察します（図 A）。

b．皮膚をメスで剝いで前腕の筋肉を露出します。その後、伸筋（橈 掌 骨伸筋<ruby>とうしょうこつしん</ruby>）と屈筋（尺腕骨屈筋<ruby>きん</ruby>）をピンセットで交互に引いて、手首の関節運動を観察し

ます（図B）。

　ｃ．筋肉をハサミで切り取って骨格を露出して、ヒトの肘から先の上肢骨格（図版34）と比べます（図C）。

３節　マウスの解剖 （図版21、22）

　マウスを解剖して、「哺乳類のとしてのあり方を支える器官」を観察します。中高生の皆さんが、クラブ活動などで解剖する際は、次のことは必ず守ってください。Ⅰ．実験動物として飼育されているマウスを使うこと。Ⅱ．解剖中にマウスに無用の苦痛を与えないこと。Ⅲ．解剖に使ったマウスの遺体は、畏敬の念をもって取り扱うこと。

　解剖の手順　　ａ．十分量の麻酔薬（エーテル）でマウスを殺します。エーテルが完全に抜けてから、マウスの体に手で触れながら外部を観察します（図版21図A）。

　ｂ．ハサミで切れ目を入れ、メスで皮膚を剥ぎます（図版21図B）。

　ｃ．ハサミで首を切開し、気管と食道を露出します（図版21図C）。

　ｄ．胸壁をハサミで切開し、胸腔に収納される心臓、肺、横隔膜を露出します（図版21図C）。

　ｅ．腹壁をハサミで切り取り、臓器を露出します（図版21図C）。

　ｆ．心臓をハサミで切り出し、２心房２心室であることを確認します。次に、ハサミで心室を輪切りにして、左右の心室の壁の厚さを比べます（図版22図B）。

　ｇ．ハサミで消化管を切り出し、水を張った洗面器の中で腸を伸ばします（図版22図A）。

　ｈ．背側にある腎臓と子宮を露出します（図版22図C）。

４節　ブタの頭部の解剖 （図版23〜図版26）

　ブタの頭部は大きくて、哺乳類の鼻腔と脳を観察するのに最適です。もし、食肉卸売業者で豚ガラ（頭骨）＊が手に入ったら、クラブ活動で挑戦してみてください。今回は、初心者でもできる、豚ガラ（頭骨）＊の解剖を紹介します。

　　＊肉を取り去った後のブタの頭骨で、生々しさがありません。眼球や脳は無傷で残って

いますが、耳殻や外鼻は付いていません。生のブタの頭部は、生々しく、体毛・皮膚・筋肉などもついていて初心者が解剖するには不向きです。

　解剖の手順　ａ．頭骨から眼球を切り出しました＊。切り出した眼球は、ハサミで輪切りにして、仕組みを調べます（図版23図Ｂ）。

　ｂ．正中線に沿って、ノコギリで頭骨を縦断します。縦断面から、鼻腔と脳の内部を観察します（図版24図Ｂ）。その後、縦断面から脳を取り出して、脳の外側を観察します（図版25図Ａ）。

　＊時間短縮のため、既に取り出してあるものを精肉店などで購入することを薦めます。

5節　ブタの頭骨標本の作製と観察 （図版26）

　豚ガラ（頭骨）から作る、初心者でも失敗しない頭骨標本の作製を紹介します。クラブ活動などで挑戦してください。完成した頭骨標本からは、哺乳類の進化と繁栄の仕組みが見えます。

　作製の手順　ａ．新しい豚ガラ（頭骨）を購入します。

　ｂ．頭骨を鍋で２時間ぐらい煮ます。

　ｃ．頭骨から眼球を取り出します。

　ｄ．次に、頭骨の表面に取り残された肉などをカッターナイフで剥ぎ取ります。

　ｅ．１週間を目安に頭骨を水に浸けて、まだ頭骨に付いている表面の組織や内部の脳を腐らせます。

　ｆ．腐った表面の組織や脳を流水で洗い流し、頭骨だけにします。

　ｇ．綺麗になった頭骨は、日光にさらして漂泊します。

　ｈ．白くなるとともに、生臭さが消えて完成します（図版24 Ａ）。

【著者略歴】

渡辺 採朗（わたなべ・さいろう）　科学ライター

1956年徳島県生まれ。1980年北海道大学卒業。同年より神奈川県立高校の教諭として2022年3月まで生物教育に携わりました。その間、「自然から学ぶ」をモットーに、生徒との対話を重視し、実物観察を多く取り入れた授業を実践してきました。

地球誕生・生物進化の物語
星屑から皆さんの体ができるまで

2024年9月24日　初版　第1刷発行©

著　者　　渡辺 採朗

発行者　　浜田 和子

発行所　　株式会社 本の泉社
　　　　　〒160-0022 東京都新宿区新宿2-11-7
　　　　　第33宮庭ビル1004
　　　　　TEL.03-5810-1581　FAX.03-5810-1582
　　　　　https://www.honnoizumi.co.jp

印刷・製本　株式会社 ティーケー出版印刷

ＤＴＰ　　木椋 隆夫

©Sairou WATANABE　2024 Printed in Japan
ISBN978-4-7807-2268-0　C0045
落丁・乱丁本は小社でお取り替えいたします。